U0362851

谨以此书纪念刘敦桢先生诞辰 121 周年

刘敦桢 (1897—1968)

我国建筑学家，建筑史学家，建筑教育家。早年留学日本，曾任中央大学工学院院长、南京工学院建筑系主任、中国科学院学部委员。刘敦桢先生把毕生精力献给了我国建筑教育事业和古代建筑研究工作，是我国建筑教育的开拓者之一，培养了一大批建筑人才。他是我国传统建筑研究的奠基者之一，用现代科学方法对我国华北及西南地区的古建筑进行全面深入调研，为研究中国古代建筑打下坚实的基础。

中华人民共和国成立后，他首先开展对我国传统民居及苏州园林的研究，并长期领导、组织中国古代建筑史的编写。这三项研究，后来均有重要的学术著作出版。此外，还主持了南京瞻园的整扩工程。这些成就和贡献，使他的学术地位到达常人难以企及的高度。

他所做出的诸多贡献，大部分现已载入《刘敦桢全集》（十卷）。

出版说明

　　本书是我国著名建筑学家、建筑史学家、建筑教育家刘敦桢先生的经典著作，当时还处于手抄著述的年代，文章是经过作者精雕细琢提炼而成。为尊重作者写作习惯、遣词风格和语言文字自身发展的演变规律，本书语言文字、标点等尽量保留了原稿形式，有些地名还是用的原名称，这样会与现代汉语的规范化处理和行政区划有些不同之处，提请读者特别注意。

华中科技大学出版社

Chinese
Traditional Residence

中国住宅概说

传统民居

刘敦桢 著

华中科技大学出版社
http://www.hustp.com
中国·武汉

图书在版编目（CIP）数据

中国住宅概说：传统民居/刘敦桢著. —武汉：华中科技大学出版社，2018.9（2022.8重印）

（哲匠书系）

ISBN 978-7-5680-3889-8

Ⅰ.① 中… Ⅱ.① 刘… Ⅲ.① 民居 – 建筑艺术 – 研究 – 中国 Ⅳ.① TU241.5

中国版本图书馆CIP数据核字（2018）第156849号

中国住宅概说——传统民居
ZHONGGUO ZHUZHAI GAISHUO——CHUANTONG MINJU

刘敦桢 著

出版发行：华中科技大学出版社（中国·武汉） 武汉市东湖新技术开发区华工科技园		电话：(027)81321913 邮编：430223
策划编辑：张淑梅 责任编辑：张淑梅		美术编辑：赵　娜 责任监印：朱　玢

印　　刷：武汉精一佳印刷有限公司

开　　本：710 mm×1000 mm　1/16

印　　张：9.5

字　　数：169千字

版　　次：2022年8月 第1版 第4次印刷

定　　价：49.80元

投稿邮箱：zhangsm@hustp.com

本书若有印装质量问题，请向出版社营销中心调换

全国免费服务热线：400-6679-118 竭诚为您服务

版权所有　侵权必究

目 录

前　言

　　中国是一个幅员辽阔和地形与气候相当复杂的国家。从很早的时候起，某些原始人群在这国土内定居下来，慢慢发展为若干氏族组织。为了适应各地区不同的自然条件和生活需要，他们曾创造过各种不同形式的居住建筑。不过在长久的历史过程中，原来的氏族逐渐进化为部落，再进而为国家形态，而由于相互间密切的政治关系、经济联系与文化交流等引起不断的融合作用，在建筑方面，现在只有汉、蒙、回、藏四个民族还保存着比较显著的差别，其余东北地区曾经使用直下的竖穴[1]，西南一带盛行干阑式建筑[2]，但现已大部分采用汉族的木构架建筑了。当然汉族建筑一方面为过去封建社会的政治、经济、文化等所局限，长时间滞留于木构架的范畴内，以至它的平面、结构和外观不像欧洲建筑曾发生过多次巨大改变。可是在另一方面，它分布范围比较广泛，为了适应各地区的气候、材料与复杂的生活要求，曾有过多方面和多样性的发展，尤以居住建筑比较富于变化是尽人皆知的事情。在这点上，汉族与其他兄弟民族之间存在着相当大的差别。因此，本书暂以汉族住宅为主体说明中国住宅的概况。

---

1 《后汉书》百十五挹娄，《魏书》卷一百勿占，《北史》卷九十四北室韦，《隋书》卷八十一靺鞨、卷八十四深末坦室韦，《新唐书》卷二百十九黑水靺鞨，以及《金史》卷一世纪所载女真风俗等。
2 《魏书》卷一百一僚，《北史》卷九十五蛮僚，《旧唐书》卷一百九十七南平僚、东谢蛮、西赵蛮、牂牁（牂牁）蛮，以及戴裔煊：《干阑》。

汉族住宅从新石器时代晚期的各种穴居开始，约有四千多年乃至更长的悠久历史，但可惜实物方面，最近三四十年内发现的新石器时代的居住遗址和商、周二代的宫室房屋故基只是原物的部分残余，而战国以来由许多铜器、陶器、雕刻、绘画等所表示的建筑式样以及无数文献记载又都是间接资料。直到最近几年，我们找出若干较完整的明代住宅，才了解它的整个面貌与各部分的相互关系。因此，本书分为两部分：第一部分从发展方面介绍新石器时代以来汉族住宅的大体情况；第二部分就现有资料中选择若干例子，说明明中叶至清末，就是 15 世纪末期到 20 世纪初期的住宅类型及其各种特征，至于鸦片战争后，由欧、美诸国输入的住宅建筑，因非我国传统形制，自然不在本书范围以内。

大约从对日抗战起，在西南诸省看见许多住宅的平面布置很灵活自由，外观和内部装修也没有固定格局，便感觉已往只注意宫殿、陵寝、庙宇而忘却广大人民的住宅建筑是一件错误事情。不过从那时起，虽然开始收集住宅资料，但是限于人力物力，没有多大收获。直到 1953 年春天，南京工学院（现东南大学）和前华东建筑设计公司合办中国建筑研究室以后，为了培养研究干部，测绘了若干住宅、园林，才获得一些从前不知道的资料。随着资料的累积，今年夏天写了一篇《中国住宅概说》，并在《建筑学报》上发表。

本书是以该篇文章为蓝本补充修正而成的。严格地说，在全国住宅尚未普查以前，不可能写概说一类的书。可是现实的需求不允许如此谨慎，只得姑用此名，将来再陆续使其充实。此外，由于时间仓促，本书不但内容简陋，而且相当芜杂，可能还有不少错误，希望读者予以严格的批评和指正。

刘敦桢

1956 年 9 月于中国建筑研究室

第一章　中国传统民居建筑的发展概况

据现在我们知道的资料，汉族文化萌芽于气候和煦的黄河流域。这地区内不仅有高山大河与许多丘陵盆地，还有广阔的平原和台地，在原始时期长着丰美的草原与相当繁茂的森林。地质方面，除了山岳以外，大部分土地覆盖着肥沃而深厚的黄土层，它的厚度自十余米至三四百米不等。所谓黄土是极细的矿物质砂粒，一般含有若干石灰质，适于筑造墙壁之用。此外，具有垂直节理的黄土层，无论受气候侵蚀或由人工开凿为壁立状态，都比较不易崩溃。在新石器时代晚期，人们就智慧地利用这些优越的自然条件营建各种原始住居。现在我们知道的有入地较深的袋穴和坑式穴居，也有入地较浅而墙壁与地面用夹草泥烧烤成的半穴居，此外，还有一种室内具有木柱而墙壁和屋顶用较小木料及夹草泥做成的地面房屋。从建筑方面来说，后者无疑是较进步的结构方式，可就构成较大的空间，以满足人们日益增长的生活需要。因此，随着社会发展，形成为汉族特有的木架建筑。为了固定规模越来越大的木构架，周围墙壁不得不改进为版筑墙与砖墙，结果成为东方独立木构的建筑系统，除了中国本土以外，还传播到朝鲜、日本、越南等处。不过这里必须指出的是，黄河流域内并不缺乏各种石料，但从经济角度来说，石料的采取、运输和施工需要更多的人力与物力，因而对它的使用，除去少数山岳地区，始终居于次要地位。

新石器时代晚期住在黄河流域的人们已经进入以农业和畜牧业为基础

的氏族组织社会[1]，可是在文化方面却有仰韶文化与龙山文化两个不同的系统。前者主要分布于黄河中、上游，而后者分布于黄河中、下游。许多发掘地点的地层累积情形，证明它们是经过长时间发展的土著文化，而且相互之间曾不断交流融合，可能还吸收东北和内蒙古等处的细石器文化和长江以南的硬陶文化以及其他邻接地区的文化，纵横交错地向前发展，形成异常复杂的情况。现在除河南省、陕西省的若干遗址地层显示了仰韶文化在下、龙山文化在上，这表明仰韶文化早于龙山文化。但在山东省一带还未发现仰韶文化，因此我们在现阶段还不能肯定整个龙山文化就晚于仰韶文化。其余各处遗址的绝对年代与发展进程也都在研究阶段，一时无法确定。不过从人类文化的发展来看，任何时期的建筑是不可能脱离社会发展的关系而孤立存在的。就是说，建筑的发展是人们的生活需要及与生产力有关的材料技术等的忠实反映，因而我们从遗址的平面、剖面的形状和各种结构方法、技术水平等——虽然现在知道得不够全面——或多或少可以窥测当时建筑的进展情况是没有疑问的。

新石器时代晚期的居住遗址，东自山东省，西至青海省，分布范围相当广泛。遗址的地点大多位于河谷附近的台地上或两河相交处，形成聚集而居的村落形状[2]。较大的村落有占地数十万平方米，长达一二千米的。其中少数龙山文化的村落颇富组织性，如河南省安阳县（市）后冈遗址的南、西二面曾绕以围墙[3]，就是一个显明例子。不过在房屋的结构式样方面，已发现的仰韶文化和龙山文化的遗址虽然数量很多，但是大体上可归纳为下列四种。

第一种为平面圆形而剖面下大上小的袋穴。其中体积较小和入地较浅的袋穴多半位于大穴附近，无疑是储藏用的窖窟[4]。体积稍大与入地较深的袋穴曾发现于山西省万泉县荆村仰韶文化遗址中，约深 3 米，底径约 4 米，周围壁体向外微微凹入，发掘者根据穴内遗留的骨器、石器及夹有木炭的褐土等疑是居住遗址[5]（图 1）。新近发现

---

1 尹达：《中国新石器时代》。

2 裴文中：《中国石器时代的文化》。

3 石璋如：《河南安阳后冈的殷墓》。《六同别录》（上）。

4 考古研究所西安工作队：《新石器时代村落遗址的发现——西安半坡》。《考古通讯》1955年第 3 期。

5 董光忠：《山西万泉石器时代遗址发掘之经过》。《师大月刊》1933 年第 3 期，理学院专刊。

图 1　山西省万泉县荆村新石器时代的袋穴
（《师大月刊》第 3 期）

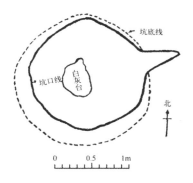

图 2　河南省洛阳市涧西新石器时代的袋穴平面
（《文物参考资料》1955 年第 4 期）

的河南省洛阳涧西孙旗屯仰韶文化的袋穴[1]，上径约 1.4 米，底径约 2.4 米，深约 1.7 米，体积虽然不大，但是穴底为较结实的黄灰土和红烧土块的混杂层，其上为木炭和植物灰与厚薄不均的白灰面，而穴的中部或稍偏处又有不规则的椭圆形白灰台（图 2），表面光滑坚硬，其旁有碎的烧土块，可能是人类的居所。比此更可靠的资料是当时的中央研究院历史语言研究所梁思永、郭宝钧、尹达、尹焕章诸先生在河南省北部所发现的龙山文化的袋穴，有圆形和椭圆形两种平面，而以圆形者居多。它们多半聚集为村落形状。其中圆形袋穴的上径自 1.8 米至 2.5 米，底径自 2.6 米至 3 米，深 2 至 3 米米不等。穴底与周围壁面似经一度火烧，再涂白灰面多层，而穴中央的地面呈圆形微凸的状态。其中安阳、内黄、汤阴等县的袋穴，在底部的旁边有长方形小台，台内有火眼，当是一种简单的灶。濬（浚）县、涉县、武安一带的袋穴，则灶位于穴底的中央。灶的形状作长方形，圆角，与长径相平行的有一排灶眼，一端有火床[2]，毫无疑问是当时人类的居住地点。从建筑的发展来说，当人们还没有坚锐的金属工具可以斫伐较大的木材或采取石料，也没有足够的经验，尤其是不知道如何搭盖屋顶时，不可能建造一座面积较大的房屋。因此住在黄土地区的人们，用粗笨的石器向地面下挖掘垂直的袋穴，利用黄土的隔热性以抵抗寒暑和周围凹入的壁面聊蔽风雨是完全可以理解的。

1　《洛阳涧西孙旗屯古遗址》《文物参考资料》1955 年第 9 期。
2　梁思永先生《龙山文化——中国文化的史前期之一》。《考古学报》第 7 期。以及尹焕章先生的口述。

当然袋穴上部不可能没有防止雨雪的设备，但因穴口面积不大，用树枝、树杈、树皮、树叶、泥土等极易做出简单的人字形或其他形状的屋顶。另外，居住者的出入问题，据推测可能在穴口竖立一根带若干侧枝的木柱，或用石斧在木柱上斫出若干脚窝，均可供升降之用。至于这种袋穴的产生时期，可能属于新石器时代初期，也可能在中石器时代末期才开始萌芽，目前还无法确定。但前述河南省北部龙山文化的袋穴，无论从许多袋穴聚集而成的村落或从穴内的火灶与各种遗物来看，应是人类已经进入耕种和畜牧生活以后的居住形式。这在今天已知的中国原始居住形式中，也许是较早的一种。后来随着社会发展，人类的活动不断增加，原来从穴顶升降的方法变得十分不便，尤以袋穴上部的泥土容易崩溃，要求有新的居住方式。但是建筑的技术水平不可能脱离整个社会条件而孤立地突飞猛进，因此，只有在原来袋穴的基础上逐步建造下面所述的坑式穴居与各种半穴居才比较符合实际情况。此外，山西省万泉县荆村之瓦渣斜虽发现深度较大和穴口较小的袋穴，在距穴底不到 1 米处有由 5 个踏级构成的隧道通至地面[1]，但挖掘隧道需要较复杂的技术，因而它的绝对年代目前尚难确定。

第二种是山西省夏县西阴村仰韶文化遗址中发现的坑式穴居，平面椭圆形，深 1 米至 2.5 米，中间有一堆黄土夹杂着一堆灰土，大概是原来的屋顶[2]。这里应当注意的是椭圆形平面已见于上述河南北部的龙山文化袋穴中，只是为了便于人们升降，将坑的深度略微减浅，同时周围壁面已不向上收小，可减少泥土崩溃的机会，不能不说是较进步的方法。如果在同一地区，既发现居住用的袋穴，又发现较大的坑式穴居，似乎后者的产生年代应比前者稍晚。至于最近陕西省境内发现有两个方形或长方形的竖穴，中间有通道相连，深入土中约 1 米[3]，应是更进步的坑式穴居了。

第三种是入地较浅而周围具有墙壁的半穴居，无疑是人们为了日益增长的生活要求，由较深的袋穴与坑式穴居进步为地上房屋的过渡形式，不过这种半穴居又有圆形和长方形两种平面。圆形半穴居发现于河南省安阳县（市）后冈的龙山文化遗址中，直径约 4 米，周围有很矮的立壁痕迹，入口设于南面。穴内地面在夹草泥上涂有坚硬

---

1 卫聚贤：《中国考古小史》。

2 李济：《西阴村史前的遗存》。

3 安志敏：《中国新石器时代的物质文化》，《考古通讯》1956 年第 8 期。

的白灰面，而在中央微偏西北处又遗存一块黑而光的硬烧土，当是举炊的地点[1]。长方形半穴居发现于河南省广武县的陈沟、青台与濬（浚）县大赉店的仰韶文化遗址中[2]。其中青台的半穴居长约 4 米、宽 3 米余，剖面似凵形，四面存有一部分立壁。其结构用夹草泥黏合红烧土堆成地基及四壁，再用火将夹草泥烧成同样坚熟的红烧土，成为一大片陶屋。这种方法可能是从制造陶器或日常举炊地点的烧土面得到的启示，是符合当时生产情况的。不过在另一方面，作为承载屋顶重量的墙壁来说，却为本身结构方法所局限，不可能造得太高，从而使房屋的空间受到一定限制，是很大缺点。但它的出现毕竟标志着中国原始社会的建筑技术提高了一步。

此外，1954 年中国科学院考古研究所在陕西省西安市郊区沪河东岸半坡村发现的新石器时代仰韶文化的居住遗址是异常重要的史料[3]。该处是一个面积一万多平方米的村落，在过去两年内曾发掘出四十多座建筑遗址，既有半穴居，也有地面上的建筑。内中半穴居的平面布置与结构方式比前述两例更为进步（图 3）。其平面作长方形，东西宽 4.75 米，南北深 4.1 米，但四角微圆，很像由椭圆形平面演进而成。室门南向，向外微凸出。由于室内居住面较室外地平线约低 0.8 米，门外置有四个狭窄的踏步，其南端两旁各有柱洞一处，疑是原来门外支撑棚架的木柱遗迹。门内东西两侧各有隔墙一堵。北面有门限一道，颇像一个小门厅。跨过门限即是室内烧火的灶坑。室内中央偏西处又有一较大的柱洞，当是原来支撑屋顶的木柱。周围坑壁涂有一层黄色夹草泥，但房屋周围因需保存，尚未下掘，不知原来是否尚有外墙，抑在坑的周围用木椽直接搭盖屋顶。室内地面仅涂黄色夹草泥，未用土烤成坚硬的烧土面。总的来说，它的平面布局和结构比前述广武县半穴居更为复杂。

第四种是前述半坡村遗址中发现的地面上的木架建筑。据初步报告[4]，该处仰韶文化的文化层约厚 3 米。依据地层累积情况，建筑遗址显然有早期和晚期的区别。

1　尹达：《中国新石器时代》。
2　郭宝钧：《辉县发掘中的历史参考资料》，《新建设》1954 年 3 月号；刘耀：《河南濬县大赉店史前遗址》，前历史语言研究所《田野考古报告》第一册。
3　考古研究所西安工作队：《新石器时代村落遗址的发现——西安半坡村》，《考古通讯》1955 年第 3 期。
4　考古研究所西安工作队：《西安半坡遗址第二次发掘的主要收获》，《考古通讯》1956 年第 2 期。

图 3 陕西省西安市半坡村新石器时代的半
穴居遗址（《考古通讯》1956 年第 2 期）

图 4 陕西省西安市半坡村新石器时代的圈栏遗址
（《考古通讯》1955 年第 3 期）

　　早期遗址中有许多平面为圆形和椭圆形的房屋。其周围墙壁虽保存并不完整，但根据各种迹象，似乎原来尺度不高。室内中央仅有光滑的烧土面，未见有灶，但周围墙壁内留有密集的小柱洞，却是很重要的特点。大家知道，现在南洋群岛和非洲等处还有若干民族停留在石器时代的生活状态。他们往往用树枝或较小的树木建造圆形与椭圆形的窝棚。为了解决屋顶的结构，将树枝上端聚拢，组编成穹隆形状，再在表面涂抹泥土。这种窝棚毫无疑问代表了人类在一定历史阶段中的居住情况，可供我们参考。而半坡村早期建筑具有以下几种特征：第一，多数位于地面上；第二，平面也有圆形与椭圆形两种，而圆形者较多；第三，外墙内使用密集的小木柱。以上三点说明它的平面结构和原始窝棚比较接近，而与没有木骨的广武县半穴居截然不同。此外，还有直径 6 米的圆形房子，外墙内虽有小而密的柱洞，但室内却没有举炊的烧土面，它是否就是畜养家畜的圈栏，目前尚难下最后结论（图 4）。

　　晚期遗址中最少有两种不同平面的住宅。第一种是直径 5 米的圆形房屋[1]，周围残存的立壁高 0.38 米，壁内有长方形与半圆形的小木柱六七十处。门南向，室内有隔墙，墙内也有柱洞。而室内中央还有六个较大柱洞，围绕着匏形的灶，在结构上显然是较复杂的木架建筑了。屋顶虽已倒塌，但依残留痕迹，知原来的屋面结构，在密集的椽子上面，铺一层或数层硬的烧红的夹草泥，约厚 10 厘米，表面颇光滑。这是周代后半期窑制的瓦出现以前，我们所知唯一的原始屋面做法。可见今天我国北部诸省盛行的麦秸泥屋面是有四五千年的传统历史的。第二种系方形平面的房屋，入口亦设

---

1 石兴邦：《我们祖先在原始氏族社会时代的生活情景》。1956 年 11 月 9 日《人民日报》。

在南面。此外另有大型房屋遗址一座，南北约深 12.5 米，东西仅存 10 米左右。原来平面可能为方形，也可能为长方形。周围包以 1 米厚的土墙。其残存部分约高 0.5 米，据发掘者的意见，也许是墙基，其上有木柱支撑屋顶（图 5）。墙的表面为灰白色的硬烧面，可能因为当时还没有砖，而土墙容易受风雨侵蚀，所以采用这种方法保护墙面。室内有灶二处。灶的周围又有较大柱洞数处，其中四个柱洞的直径竟达 45 厘米。此屋不但规模较大，而且位置亦在居住区的中心，也许是部落酋长的住宅，或者是氏族成员共同集会议事的场所。综合以上各种遗迹，可证该处住宅的平面有圆形、椭圆形、方形、长方形四种，其面积逐渐扩大，因而不得不将木架加粗，为了稳定木架又将外墙加厚，同时内部已使用隔墙，都是适应社会发展和人们日益增长的生活需要而产生的结果。

如上所述，中国新石器时代晚期的居住建筑，无论平面形状和结构方式都不止一种，尤以在同一地点往往存在着几种不同的建筑方式，很难确定孰先孰后。但根据人类生活和建筑技术的发展进程，我们也许可以提出这样一个假设：黄河流域的原始居住，有袋穴、坑式穴居、半穴居与地面上的木架建筑四种。但从建筑方面来说，这些穴居与木架建筑是两个不同的结构系统，它们之间似乎不可能作直线的发展。据著者不成熟的看法，在最初阶段，各地区的人们虽然利用不同的自然条件，建造各种不同的居住方式，但是经过若干时间，他们之间因经验交流，技艺逐步提高，必然产生一种新的建筑。就是说，在某些黄土地区，由较深的袋穴改进为较浅的坑式穴居与具有墙壁的半穴居，而在某些森林地带，可能早就在地面上搭盖简单的圆形窝棚，后来可能在墙壁、地面和屋顶方面吸收夹草泥烤硬的方法，发展出半坡村的早期木架建筑，而不是由各种穴居直接演进的。这种木架建筑能以较少木料和较厚的土墙构成较大的空间，因而用途随之日广，终于成为汉族建筑也是中国建筑的基本结构体系，一直流传到今天。在这点上，半坡村遗址的发现，不能不说是中国建筑史上一件极其重大的事情。

我国木架建筑在新石器时代晚期虽已具有初步规模，但它的进一步发展似乎在进入铜器时代以后。在历史学方面，中国社会何时发展为金石并用时期，何时普遍地使用铜器，何时由氏族组织转变为奴隶制度，目前尚在研究阶段，短时期内恐难得出正确的结论。但现在已有不少历史学家认为，公元前 18 世纪上半期至公元前 12 世纪下

图 5 陕西省西安市半坡村新石器时代的住宅遗址 (《考古通讯》1955 年第 3 期)

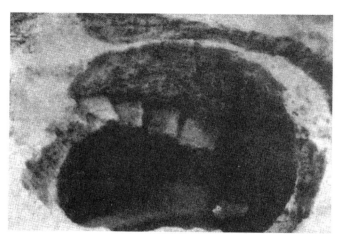

图 6 河南省安阳县小屯村殷故都圆形坑式穴居 (《中国考古学报》第二册)

半期的商代已具备了完整的国家形态,而且已是一个奴隶制度的王朝了[1]。不过因商代后半期迁都于河南省安阳县(市)的殷,一般又称为商殷或殷。殷王朝已有文字、历法,并能制作精美的青铜器,绝不是文化程度很低的部落,这是异常明显的事实。在建筑方面,1928—1937 年当时的中央研究院历史语言研究所曾在安阳的小屯村发掘了一部分商殷的宫室故基,并在这些故基下面发现不少大型坑式穴居。平面有圆形、方形、长方形和不规则形状四种。面积最大的长二十余米,宽十余米。其中圆穴用旋转而下的阶级(图 6),长方形穴在两端各设阶级,方穴则沿着一边设阶级供升降

---

1 范文澜:《中国通史简编》第一册;李亚农:《殷代社会生活》。

之用[1]。有些穴内壁面在挖掘后不加修饰，有些用木棒打平，有些再涂夹草泥二三层[2]，据发掘者的意见，它们不是储藏什物的窖窟，而是居住用的穴居。证以数量之多与规模之大，这种说法似乎比较可信。不过最近郑州二里岗发现的商殷早期建筑，面阔二间，每间都是横长方形，周围墙壁与内部隔墙均留有柱洞[3]，与前述半坡村的木架建筑大体相同。由此可见商殷初期确已有木架建筑，但在迁都殷以前或迁都后不久，还曾使用一些规模较大和结构较复杂的坑式穴居。商殷的宫室虽未发掘完毕，但由已发掘的故基，无论就整个数量或每座基址的规模，都超过今天我们知道的新石器时代的任何遗址。如果没有大量劳动力与较坚锐的工具，不可能砍伐很多木料，开凿各种榫口，建造如此大批大型的木架建筑。因此，木架建筑的进一步发展，似乎应与商殷的生产力和较进步的生产工具有着不可分割的关系。

　　商殷故都的宫室基址共发现五十余座，平面有长方形、凸形与凹形数种（图 7）。长方形基址一般长二十米左右，最大的长六十余米，宽十余米。在整体布局上，南面有间距相等的三座大门。依其他基址的位置，东西长的似为正房，南北长的似为偏房[4]，可证中国建筑在南北方向的中轴线上用几座房屋围绕着院子的组合方法在商殷已开始萌芽（图 8）。基址概用夯土筑成，其上排列直径 30 厘米至 50 厘米未加琢磨的天然卵石，虽一部分已不存在，但仍可看出原来整然成行的情状。这些卵石上面偶然存有圆形铜锧，附有殷代常见的纹饰如云雷纹等[5]，附近还有烧余的木烬。卵石，无疑是木架建筑的础石，铜板是防湿用的锧，而木烬是房屋焚烧后的残余。由此可见，当时不但能建造较大的木架建筑，而且还考虑到木柱的防湿设施了。不过遗址中未发现砖瓦，可能墙壁结构依然用土墙，而屋面仍使用夹草泥烤硬的方法。

　　公元前 12 世纪末，继起的周王朝究竟是奴隶制度抑是封建制度的国家，现在尚不明了。可是在建筑方面，据《考工记》所载，周王朝已有管理建筑工程的专职官吏，并且有计划地在正方形王城的中央，建造具有中轴线和左右对称的宫室、宗庙、社稷

1　石璋如：《小屯后五次发掘的重要发现》，《六同别录》（上）。

2　石璋如：《殷墟最近重要发现附论小屯地层》，《中国考古学报》第二册。

3　发掘报告尚未出版，据参加发掘的尹焕章先生口述。

4　石璋如：《殷墟最近重要发现附论小屯地层》，《中国考古学报》第二册。

5　此材料被国民党当局携往我国台湾，未发表，现据参加发掘的尹焕章先生口述。

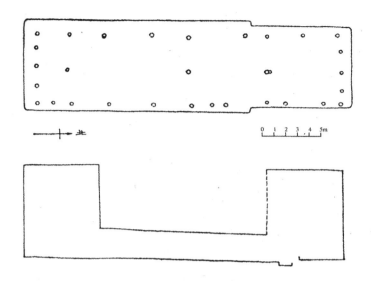

图 7 河南省安阳县（市）小屯村殷故都宫室故基平面图（其一）（《中国考古学报》第三册）

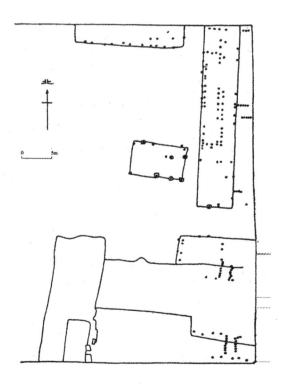

图 8 河南省安阳县（市）小屯村殷故都宫室故基平面图（其二）（《六同别录》）

坛等。证以现存山东省曲阜县鲁故城与河北省邯郸县（市）赵故城，似乎《考工记》所述"面朝背市"的城市规划不是完全没有根据的。此外，大小诸侯都须建造都邑，他们下面还有许多大夫也须建造宅第，因而扩大了建筑范围，促进了整个建筑的发展。接着公元前8世纪末至公元前5世纪初的春秋时期，由于使用铁器，提高了农业的生产力，工商业随之发展，产生了农民和地主两个新阶级[1]。一部分历史学家认为在这时期中国可能进入封建制度了[2]。当时代表地主阶级的士大夫阶层与城市的商人们，为了生活需要又促进了居住建筑更广泛的发展。虽然这阶段的住宅没有实物存在，记载也很不完整，但是大体知道士大夫阶级的住宅，在中轴线上建有门和堂两座主要建筑，每座建筑的平面布置采取均衡对称的方式。同时为了迎送宾客及举行各种典礼，用居中木柱将大门划分为二，并在堂前设东西两个阶级，各供主宾升降之用。而堂位于室内中央主要地点，其面积大于居住部分的房与室（图9）。可见，封建社会的政治体系和思想习惯对住宅建筑已产生很大影响，不过，那时是否已有规制整然的四合院，因缺乏证据，无法证实。降及公元前5世纪末至公元前3世纪后半期的战国时期，诸侯兼并，仅存七国。其中河北省易县燕下都的宫室故基，证明当时房屋建在高达6米的夯土台上，并且已有瓦及瓦当（表面涂刷朱色作装饰）[3]。又据铜器上的镂刻，当时已有二三层高的建筑，柱上用斗栱承载内部梁架和出檐的重量，并在各层腰檐上构有简单的平座与栏杆（图10），或用鹅颈椅代替栏杆（图11），而房屋已有彩画也见于记载。所有这些都表示木建筑的技术又推进了一大步。

秦代结束了分散的封建制度，成立统一的中央集权的封建专制政体。在这基础上，汉代建立了强大的帝国，从公元前3世纪末到公元1世纪初称为西汉，接着有一个短期的"新"王朝，不久又恢复了原来的统治权，至公元3世纪初期称为东汉。在两汉期间，居住建筑有了很大的进展，尤以统治阶级的贵族们建造大规模的宅第和以模仿自然为目的的园林是值得记述的[4]。不过今天可引用的具体资料，只有坟墓内的画像石、

1　范文澜：《中国通史简编》第一册。
2　郭沫若、李亚农等。
3　郭宝钧《辉县发掘中的历史参考资料》，《新建设》1954年3月号；以及1934年著者所见遗迹和前北平研究院的发掘品。
4　《汉书》九十八元后传，《后汉书》三十四梁冀传、七十八吕强传，以及《三辅黄图》《西京杂记》等。

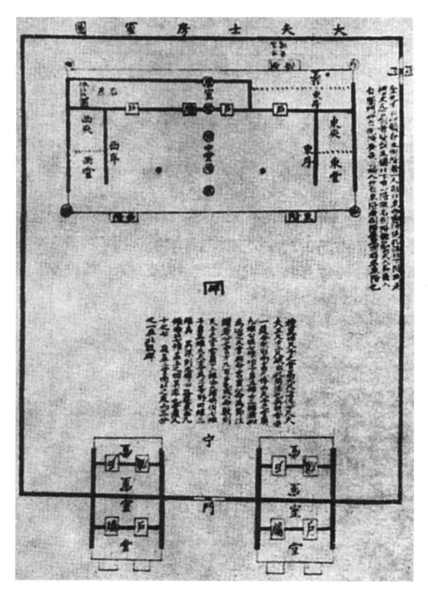

图9 周代士大夫住宅平面想象图（张皋文《礼仪图》）

图 10 战国时期铜鉴上的房屋 （《辉县发掘报告》）

图 11 战国时期铜钫上的房屋（故宫博物院藏）

画像砖与明器瓦屋等所表示的住宅式样，1955 年中国科学院考古研究所在河南省洛阳市发掘的房屋故基[1]，以及辽宁省辽阳县三道沟的西汉村落遗址[2]等。即便如此，我们仍可窥知当时小型、中型和大型住宅的大体面貌。

---

1 郭宝钧：《洛阳西郊汉代居住遗迹》，《考古通讯》1956 年第 1 期。
2 东北博物馆文物工作队：《辽阳三道沟西汉村落遗址》（未刊本）。

　　小型住宅的式样，据现有资料有下列四种。

　　第一种为平面方形或长方形的简单房屋。墙的结构据湖南省长沙市出土的明器，墙面上刻画柱枋；四川省出土的明器则饰以斗栱，都表示了南方一带盛行木架建筑的情况。而四川省出土东汉画像砖上所示的木架建筑中，则有下层仅用简易的枋与短柱，而在上层屋檐下施斗栱的例子（图 12），似乎和西南民族的干阑式建筑不无关系，是异常有趣的证物。此外，最近在河南省洛阳市发掘的西汉住宅的墙多半用夯土筑成，东汉住宅则用单砖镶砌墙的内侧，或在砖墙内夹用砖柱。虽然那时中原地区依旧盛行木构架建筑，可是墙体的材料则因社会生产的发展而产生若干新的变化。例如西汉虽已有砖构的坟墓，但到东汉时期，首都的小型住宅才使用砖墙，可见在最初阶段砖是比较昂贵的建材，等到生产量增加以后，使用范围方随之扩大。它普及全国的时间可能更晚。依早年各地出土的汉代建筑明器，室门设于房屋中央或偏于左右（图 13、图14）。窗的形状有方形、横长方形、圆形数种。屋顶多半采用悬山式。其中两坡屋顶的剖面有些做成直线，有些在檐端做成反翘形状（图 13）。卷棚式屋顶有些有正脊，有些没有正脊（图 14、图 15），式样颇富于变化。屋面结构虽已使用较大的板瓦和较小的筒瓦，但图 15 所示应由夹草泥或麦秸泥做成。这个例子说明新石器时代晚期的建筑做法，经过汉代流传到今天，其经过很明显。

图 12　四川省出土的汉画像砖上的房屋（南京博物馆藏）

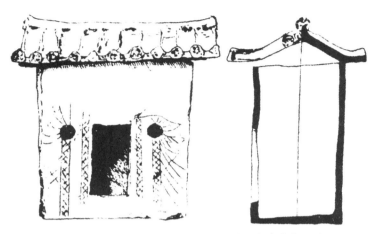

图 13　南山里出土的汉明器（其一）（《东方考古学会丛刊》）

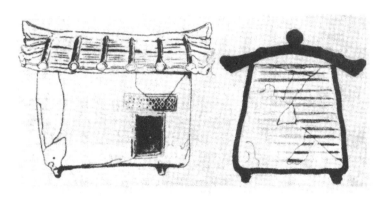

图 14　南山里出土的汉明器（其二）（《东方考古学会丛刊》）

图 15　辽宁省营城子出土的汉明器（《东方考古学会丛刊》）

第二种为面积稍大的曲尺形平面的住宅，在曲尺形房屋相对的两面绕以墙垣，构成小院落，故整个平面成为长方形或方形（图16）。房屋有平房也有楼房。墙面上刻画柱、枋、地栿、叉手等，可以窥知当时木构架的形状大体和宋代相同。窗的形状除了方形和横长方形以外，还有成排的条状窗洞，很像六朝和唐宋年时期的直棂窗。屋顶多用悬山式。围墙上也有成排的条状窗洞或其他形状的窗，似乎明清二代最发达的漏窗，在汉代早已种下根苗。

第三种为前后两排平行房屋组合而成的住宅，而在左右两侧用围墙将前后房屋联系起来，规模比第二种稍大（图17）。前排系主要建筑，上下两层，而在下层的窗上绕以腰檐，保护墙面。上层中央部分较高，覆以四注式屋顶。左右两侧较低，但左侧用简单的一面坡顶，右侧用悬山顶，未采取对称方式。后排又分为两部分。靠左侧者

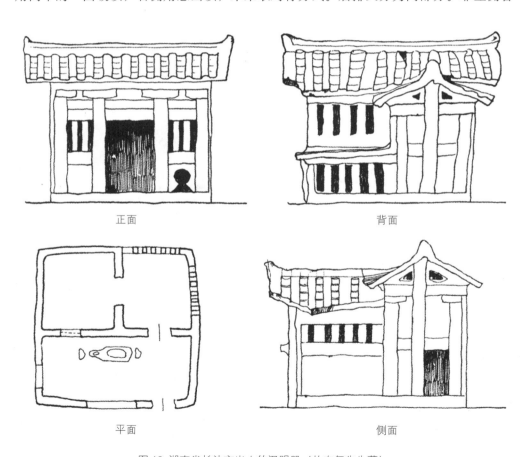

正面   背面

平面   侧面

图16 湖南省长沙市出土的汉明器（故左复先生藏）

图 17　广州市出土的汉明器
（《文物参考资料》1954 年第 8 期）

较高大，覆以悬山顶。右侧者较低小，仅施一面坡屋顶，似系厕所或猪圈之类。又在两者相交处，加一隔墙，其方向与左、右围墙平行，将前后两排房屋之间分为大、小两个院子，全体布局较第二种更为复杂。

第四种是 1955 年东北博物馆文物工作队在辽宁省辽阳县三道沟发掘的西汉农村建筑的遗址，由若干单独的宅院组合而成[1]。这些宅院相距 15 米至 30 米不等，没有一定的排列次序，但在南面或偏东西处开门。院内有黄土台，台上发现有瓦片、瓦当、柱础、石块和红烧土等，当是下具木柱土墙而上具瓦顶或草顶的房屋故基。它的左端或右端（主要是右端）又有土坑一个，周围以方柱做成圈栏，应是牛马栏或猪圈、厕所之类。院内还有水井、土窖与垃圾堆等，足窥当时农民的生活情况，是异常宝贵的史料。

中型住宅见于最近四川省出土的画像砖（图 18），整个住宅用墙垣包围起来，内部再划分为左右并列的两部分。左侧为主要部分，右侧为附属建筑。主要部分又分为前后两个院落；最外为大门，门内有面阔较大而进深较小的院子，再经一道门至面积近于方形的后院。这两个院子的左右两侧都有木构的走廊，与 1953 年发现的山东省

---

1 东北博物馆文物工作队：《辽阳三道沟西汉村落遗址》（未刊本）。

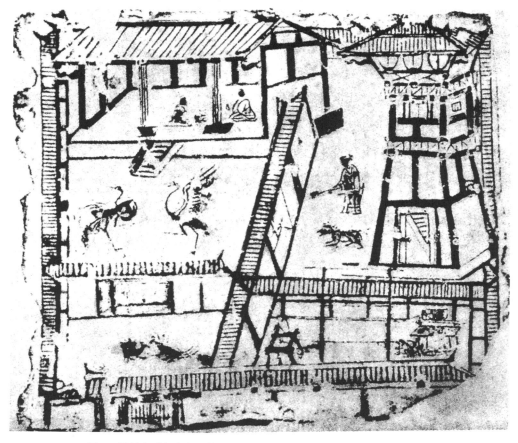

图 18 四川省成都市出土的汉画像砖（《文物参考资料》1954 年 9 期）

沂南县汉墓画像石所示日字形建筑并无二致 [1]，可见汉代的住宅已普遍使用廊院。最后面阔三间的单檐悬山式房屋，应为宅中主要建筑——堂，其中央当心间设踏步，前檐用曲栱承托，而栱的后尾插入柱内，和现在四川省内通行的结构法大体相似。堂上有二人席地相对而坐。附属部分亦分为前后两院。前院进深很浅，也用回廊萦绕。院内有水井及晒衣的木架与厨房等。后院建有方形平面三层高楼一座，在四注式屋顶下承以斗栱，应为紧急情况下（如盗寇侵入……）供主人及相关人员避难之处（后世建筑相类者，见于山东省曲阜市孔府内，但结构已改为砖砌外墙）。整个住宅的规模和

---

1 据《沂南古画像石墓发掘报告》，此墓可能是东汉末年所建。

居住者的生活方式，如扫地的仆人与院中双鹤对舞等，很鲜明地表示其为经济较富裕的官僚地主或商人的住宅。

大型住宅见于山东省嘉祥县武梁祠画像石（图19），在中轴线上雕有四注式重楼，左右两侧配以两层的阁道，与记载中描写的贵族宅第"高廊阁道连属相望"大体相符合，而此图楼上坐一妇人，其旁侍女持杯、镜等物，楼下复有一人跪而启事，正表示统治阶级的生活情况。此外，山东省济宁县两城山画像石，虽然不知所绘是官府厅堂抑为大型宅第，但在中央雕刻较高大的单层建筑之左右，已各建有一重檐房屋（图20）。

上面所引用的虽是一些间接资料或不完整的遗迹，但大体上可以窥测汉代住宅的平面和立面的处理方法。就是小型住宅除农村建筑比较朴素外，其余各种例子颇富变化，没有固定的程式。可是中型以上住宅则具有明显的中轴线，并以四合院为组成建筑群的基本单位，与小型住宅形成异常强烈的对比。造成这种对比的原因，主要应是阶级地位和经济条件的差别。至于中型与大型住宅用围墙和回廊包围起来的封闭式四合院，不但从汉代到清末的住宅如此，宫殿、庙宇及其他建筑也大都采取同样方式。

图19 山东省嘉祥县汉武梁祠画像石（《金石索》）

图20 山东省济宁县两城山汉画像石 （《支那山东省坟墓表饰》）

虽然它们的外观比较简单，但内部以院落为中心的各种房屋的空间组合，以及若干院落的联系、调和与变化，却成为艺术处理的主要部分，同时也是过去匠师们苦心创作的对象。在技术方面，东汉已使用砖墙，并且汉代的屋檐结构，为了缓和屋溜与增加室内光线，已向上反曲，也是构成屋角反翘的主要原因。所有这些现象，说明汉族住宅甚至整个汉族建筑的许多重要特征，在两汉时期已经基本上形成了。

三国、两晋和南北朝是中国历史上战争最频繁的时期，但统治阶级仍不断建造大规模的宅第、园林，尤以东晋和南北朝的士大夫以造园相尚，成为一时风气。此外，当时贵族们往往施舍自己的住宅为佛寺[1]，可以想象这些住宅必然是规模较大的四合院无疑了。小型住宅除常见的明器瓦屋外，河南省沁阳县东魏武定元年（公元543年）造像碑上所刻的房屋，主要建筑与大门并不位于同一中轴线上，是较特殊的例子。这两座建筑的屋顶都作四注式，而大门两旁缀以较低的木构回廊，主次颇为分明。门与回廊都有直棂窗与人字形补间斗栱（图21），与日本飞鸟时期由百济匠师所建的法隆寺回廊大体相同，而百济建筑又与我国南北朝建筑具有密切关系，由此可见当时大型住宅和寺庙在采用廊院制度方面没有多大的差别。

6世纪末期，隋代结束了三百多年割据纷争的局势，成立统一的政权，但因苛政不久为农民起义所倾覆。接着7世纪初期唐代又建立强大的帝国，促成中国历史上的文化高潮，建筑艺术当然不能例外，不过很可惜除了当时绘画中描写的住宅以外，没有实物存在。其中隋·展子虔的《游春图》绘有两所乡村住宅。一所是三合院，

---

1 杨衒之：《洛阳伽蓝记》卷一、卷二。

正面为简单的木篱与大门，门内三面都
配列房屋，而两座用瓦顶，一座覆以茅
草（图22）。另外一所为平面狭长的四
合院，院子四面都以房屋围绕，没有回
廊（图23）。这两所住宅虽然比较简单，
但是都采用明显的中轴线与均衡对称的
布局方法，在今天南方乡村中还可以看
到同样情况，不能不说是异常宝贵的资
料。至于许多文献记载所述规模宏丽的
贵族宅第，我们在敦煌壁画中可以找到
一些旁证。就是主要建筑物以具有直棂
窗的回廊联系为四合院（图24），和当

图21 河南省沁阳县东魏造像碑中的住宅
（《中国营造学社汇刊》第六卷第4期）

时的寺庙大体相同（图25），只是规模大小略有差别而已。根据以上诸例，也许可
以说当时乡村中的三合院和四合院，为了有效地利用面积已在院子周围建造房屋，
可是统治阶级的大型住宅仍沿袭六朝以来的传统方法，使用不经济的回廊。这种差
别恐怕不能仅仅解释为后者尊重古代的传统作风，而应当是不同的经济基础和不同
的生活需要在建筑结构式样上的反映。此外，唐代园林建筑承六朝以来余风，继续
发展，不仅贵族官僚们在洛阳等处竞营别墅，甚至长安的衙署多附设花园[1]。虽然这
种现象充分表示当时剥削阶级的腐化享受生活，但是在另一方面，对造园艺术的普
及与提高却产生了推动作用。

　　10世纪初期唐帝国崩溃后，由于军阀混战，形成五代十国约半世纪的割据局面。
在这时期，黄河流域受到很大的破坏，但江、浙一带战争较少，经济与文化都相当发
达，因而当时统治阶级营建不少寺塔，创造一些新手法。而住宅方面为防止雨雪和日
晒，在屋檐下加木制的引檐（图26），就是其中一例。到10世纪中叶宋王朝建立了
统一的国家，又促进农业和各种手工业的发展。建筑方面，在10世纪后半期，浙江
有名的木工喻皓著了一部《木经》，肇开我国建筑著作的先河，是其意义十分重大的。

1　《新唐书》"王维传""裴度传"，以及《酉阳杂俎》《剧谈录》《画墁录》等。

图 22 隋·展子虔《游春图》中的住宅（其一）（故宫博物院藏）

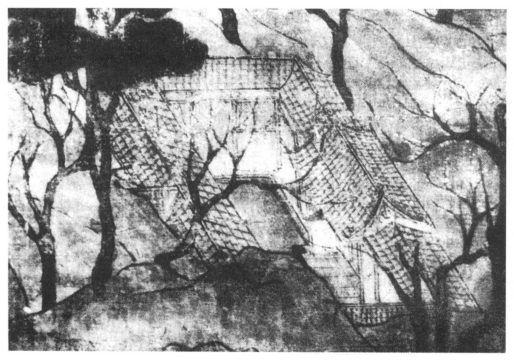

图 23 隋·展子虔《游春图》中的住宅（其二）（故宫博物院藏）

图 24 甘肃省敦煌市千佛洞壁画（一）（《中国建筑史图录》）

图 25 甘肃省敦煌市千佛洞壁画（二）（伯希和《敦煌图录》）

图 26 五代画《卫贤高士图》 (故宫博物院藏)

图 27 宋画《文姬归汉图》中的局部（故宫藏品）

到 11 世纪末，宋朝的统治阶级为了节省工料需要建筑规格化，又由将作少监李诫编了一部《营造法式》，不但对当时官式建筑的设计、施工与用料作了不少改进，而且影响了后代的建筑，不能不说是中国建筑史上一件划时代的重大里程碑。在建筑技术和艺术方面，宋代格子门的发展、固定的直棂窗逐渐改为可以启闭的阑槛钩窗、门窗和彩画的构图盛行几何花纹，以及彩画中对晕、退晕的长足发展，都和唐代建筑有显著的差别。至于见于《清明上河图》中的较小的住宅商店，不仅平面较自由，屋顶式样除了悬山式以外，歇山式也占相当数量。大型宅第虽仍用四合院，但院子周围往往用廊屋代替木构的回廊，因而房屋的功能与结构以及四合院的造型都发生了变化。这种情形，不但《文姬归汉图》如此（图 27），其他宋、金二代的石刻和书籍中所绘的官署、祠庙等[1]，都显示了此种做法，如与唐代比较，应是一种较大的改变。此外，宋代衙署中的居住部分，在两座或三座横列的房屋中间联以穿堂，构成

---

1 金章宗承安五年（公元 1200 年）《重修中岳庙图碑》，以及南宋理宗绍定二年（公元 1229）《平江府图碑》，宋《景定建康志》中的建康府廨图、制司四幀官厅图等。

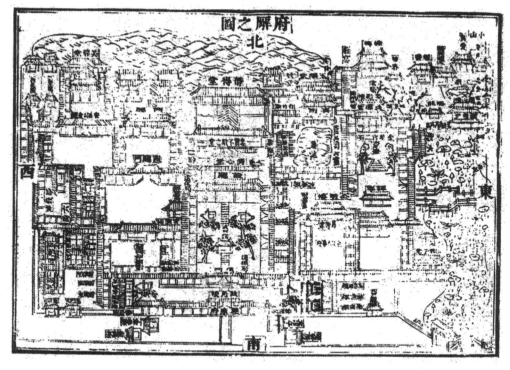

图28 南宋《建康府廨图》（《景定建康志》）

工字形、王字形平面及其他变体，也是宋代前所未有的（图28、图29）。园林布局在唐代传统基础上与居住部分更紧密结合，融为一体，而园林构图在绘画与文学的影响下，也开辟一种诗情画意的新途径，尤以叠山技术在有了不少新的创造。然而与北宋、南宋同时期的辽、金二代，虽然遗留了若干寺、塔，但是缺乏住宅建筑的记载，在这里未能有所介绍。

13世纪末，元代统治者采取严酷的政治压迫和经济剥削政策，使唐、宋以来发展的建筑艺术受到一定程度的损失。到14世纪后半期明代推翻了元朝统治，建筑艺术随着经济恢复，进一步有了多样化发展。不过这里必须指出的，中国北部受金、元二代两百多年的摧残，农村破败，森林毁灭，原来以木构架为主体的建筑系统不得不发生若干变化，如斗栱材栔的比例逐渐改小，以及砖建筑的发展，使佛寺方面产生砖券结构的无梁殿，都是很显著的事情。住宅方面，虽然还未发现无梁殿式样的例证，但是据明末人的记载，当时长城附近已在深厚的黄土层中营建窑洞式穴居，同时河北、

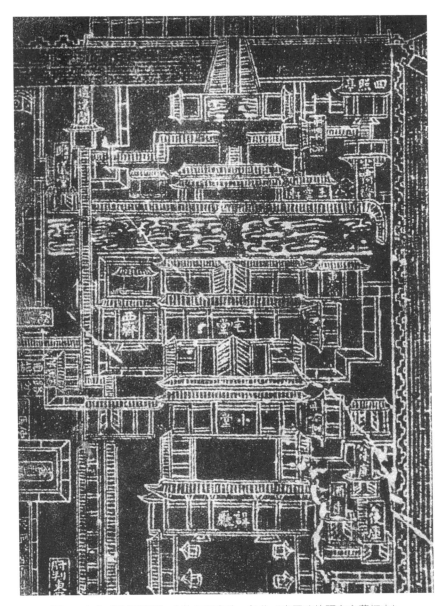

图 29　南宋《平江碑图》中的平江府治一部分（中国建筑研究室藏拓本）

山西、陕西等省的地主们以这类窑洞作为储藏粮食的仓库[1]。这种穴居的产生为时久远，且其注释过程尚不十分明了，依据清代的例子，穴居内部往往数洞相连，并用砖石砌成券洞，与明代无梁殿大体类似，二者之间不可能没有相互启发或因袭的关系。此外，在经济较富裕的江南诸省，官僚、地主、商人们仍继续建造大型的木构架住宅。现存遗物中，有15世纪末期以后江苏省吴县洞庭东山的官僚地主们和安徽省徽州一带商人们所建的住宅多处。后者大多高二层，在梁架与装修方面使用曲线较多的华丽雕刻（图30、图31）和雅素明朗的彩画，获得相当高的艺术成就[2]。除此以外，记述民间建筑和家具的《营造正式》与我国唯一的造园著作《园冶》以及其他文献，都从不同的角度和不同的程度反映了当时江南一带住宅园林的情况。

图30 安徽省歙县潜口乡罗宅梁架（中国建筑研究室调查）

---

1 谢肇淛：《五杂俎》卷四。
2 中国建筑研究室张仲一、曹见宾、傅高杰、杜修均合著的《徽州明代住宅》。

图 31 安徽省绩溪县余宅栏杆（中国建筑研究室调查）

17 世纪中叶，明、清二王朝的兴亡交替虽使建筑遭遇短时期的停顿，但不久又继续向前推进。在这期间比较重要的是清代初期窑洞式穴居还局限于山西省一带，仅供较贫苦的群众使用[1]，但到清末则河南、山西、陕西、甘肃等省已较普遍地使用这种穴居了。康熙末年以后，福建、广东、广西等地客家的集体住宅，高二层至四五层，可容纳住户数家至数十家，无论在规模宏大与造型美观方面，都是汉族住宅中别开生面的作品[2]。江南一带的园林以江苏、浙江二省为突出，而其中又以苏州为最。该地的造园活动在五代吴越时已十分繁荣，及至宋、元，迄于明、清，一直繁衍不衰。其造园理论和技艺之高，国内可称独步，影响甚为深广，留下的类别亦居海内之冠（图32、图 33），另一地就是扬州除了清代盐商们的别墅多建有园林（图 34、图 35）。连当地的寺庙、书院、餐馆、妓院、浴室等也开池筑山，栽植花木[3]，其盛况可以想见。结果不但促进了民间造园艺术的多方面发展，而且在一定程度上影响了当时帝王们的苑囿建筑[4]。

根据以上各种不完全的资料，我们大体知道，在新石器时代末期汉族的木构架住宅已经开始萌芽，经过一段金、石并用时期和商、周二代继续改进，至迟在汉代已经有四合院住宅了。自此以后，梁架、装修、雕刻、彩画等技术方面虽不断推陈出新，但四合院的布局原则，除了某些例外，基本上仍然沿用下来。比较重大的成就，还是宋以来园林建筑的发展，以及明、清二代的窑洞式穴居与华南一带客家住宅的出现，丰富了汉族住宅的内容。不过由于资料关系，我们只能说汉族住宅的主流大体如此。近年来不断发现的材料，证明明代中叶以后的住宅类型，固然不止木构架形式的四合院一种，但就是这种四合院的平面、立面，又因各地区的自然条件与生活习惯的不同，发生若干变化。为了进一步了解汉族住宅的真实情况，本书在介绍发展概况以后，不得不叙述明中叶以来各种住宅的类型及其特征。

---

1 顾炎武：《天下郡国利病书》卷四十五。
2 中国建筑研究室张步骞、朱鸣泉、胡占烈合著的《福建永定客家住宅》（未刊本）。
3 李斗：《扬州画舫录》。
4 刘敦桢：《同治重修圆明园史料》，《中国营造学社汇刊》第四卷第 2 期。

图 32 江苏省无锡市寄畅园（《南巡盛典》）

图 33 浙江省杭州市湖心亭（《南巡盛典》）

图 34 江苏省扬州市净香园（《平山堂图》）

图 35 江苏省扬州市桂花书屋（《平山堂图》）

第二章　明、清时期我国传统住宅之类型

　　这里介绍的明、清住宅，在时间上从明中叶开始，年代愈近，数量也愈多。其中绝大部分因位于乡村中，不但现在正在使用，也许今后相当时间内还须继续使用，甚至有许多地方尚在依照传统式样建造很多新的住宅。因此，今天我们研究这些住宅，不仅从历史方面想知道其发展过程，更重要的是从现实意义出发，希望了解其式样、结构、材料、施工等方面的优点与缺点，为改进目前农村中的居住情况与建设今后社会主义的新农村以及其他建筑创作提供一些参考资料。不过截至目前，尚未作过全面的和有系统的调查。过去我们调查的地点，仅仅是全国范围内的极小部分，而这些地方的住宅，亦不过涉猎一个大概情况，真如古人所谓"九牛一毛""沧海一粟"。因此，今天我们知道的只是若干零星材料，不容易连贯起来。同时我国自然区域的分区工作还在研究阶段，短期内尚不能正确了解各地区的自然条件与住宅建筑的关系。因此，本书暂以平面形状为标准，自简至繁，分为圆形、纵长方形、横长方形、曲尺形、三合院、四合院、三合院与四合院的混合体，以及环形与窑洞式住宅九类，每类再选择若干例子，介绍它的大概情况。

1.圆形住宅

这是小型住宅的一种，在空间上分布于内蒙古自治区的东南隅与汉族邻接的地区，就是原来热河省的北部与吉林、黑龙江二省的西部。就形体来说，无疑由蒙古的帐幕（俗称蒙古包）演变而成。大家知道，蒙古包的结构，因当地雨量平均每年仅100厘米左右，为了便于逐水草而居，原来只有移动式与半固定式两种形式。后者一般用柳条做骨架（图36），外侧包以羊毛毡，再在顶部中央设可以启闭的圆形天窗（图37、图38）。通过与汉族接触频繁，吸收了土炕的方法，在帐幕外设炉灶，使暖气经帐幕下部，从相对方向的烟囱散出，但帐幕本身仍维持原来形状（图38）。此外，又有在柳条两侧涂抹夹草泥，以代替毛毡，成为固定的蒙古包，也就是本书所述的圆形住宅。不过这种住宅从何时开始，现在尚不明了。清嘉庆年间（公元18世纪后半期）西清所著《黑龙江外记》虽称"近日渐能作室，穹庐之多不似旧时，风气一变"，但尚不能肯定"渐能作室"，就是指此种圆形小住宅而言。至于结构方面，有些例子在室内中央加木柱一根支撑屋顶重量[1]，应当是较早的做法，到后来壁体改为较厚的土墙，才取消木柱。入口一般设在南面。墙上仅开小窗一二处。室内土炕几占全部面积二分之一，炕旁设

图36 蒙古包的骨架（*The Evolving House*）

---

1 伊藤清造：《支那满蒙建筑》。

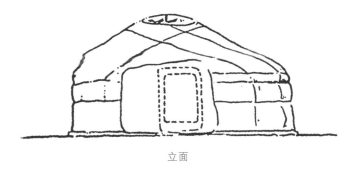

立面

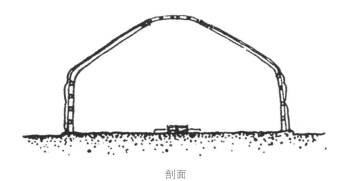

剖面

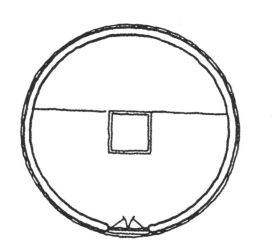

普通蒙古包平面

图 37 半固定蒙古包（其一）（《北支蒙疆住宅》）

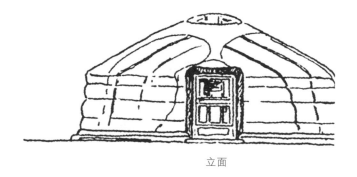

立面

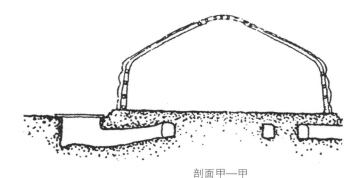

剖面甲—甲

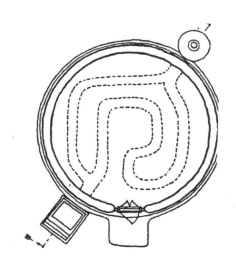

具有采暖设备的蒙古包平面

图 38 半固定蒙古包（其二）（《北支蒙疆住宅》）

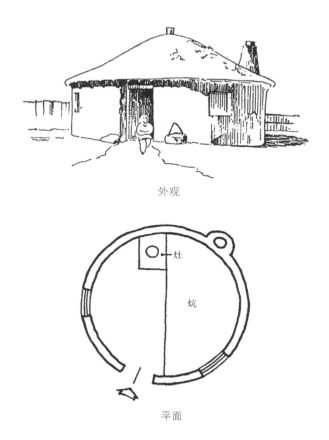

外观

平面

图39　内蒙古自治区东南部的圆形住宅（《满洲地理大系》）

小灶供炊事与保暖之用。由于平面与外观仍保持蒙古包的形式，这种圆形小屋有固定蒙古包的名称（图39）。此外随着家庭人口的增加，又发展为两种变体，一种在圆形房屋的旁边加建长方形房屋一间，作起居与炊事之用，而入口设于此室的南侧（图40）。另一种在两个圆形房屋之间，连以土墙，成为并列的三间房屋，但各有入口，不相混淆。另建于后部畜养牲口的圈栏则没有屋顶（图41）。现在除蒙古族外，当地汉族也偶然使用这种住宅，但数量不多。

外观

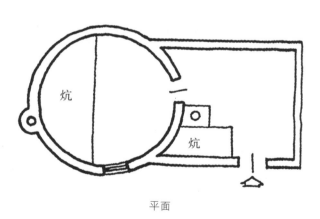

平面

图 40 内蒙古自治区东南部的圆形住宅变体 (其一) (《满洲地理大系》)

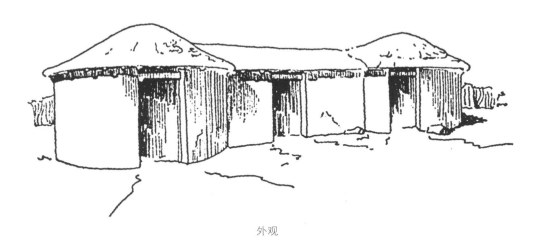

外观

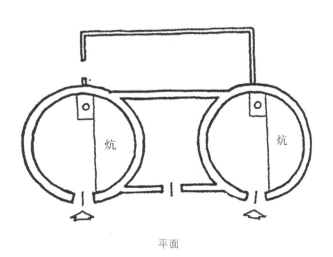

平面

图 41　内蒙古自治区东南部的圆形住宅变体（其二）　（《满洲地理大系》）

2. 纵长方形住宅

这类住宅约可分为四种，包括原始形状的半穴居，西南少数民族的干阑式住宅，华北、华中一带汉族的小住宅，以及清代皇帝们的寝宫。此外，江南园林中的旱船与各处清真寺的礼拜堂，虽都采用纵长方形平面，但因不是住宅，故未阑入。

（甲）原始形状的半穴居见于内蒙古自治区林西县（原属热河省）的西郊，系旧社会制造土砖工人的住所[1]。室内地面较地平线稍低，内设炕床与灶。上部施人字形结构的屋顶，仅在高粱秆上铺草，杂以泥土，异常简单。由于屋顶直达地面，仅正、背二面用土墙，而正面没有门窗（图42）。此外，著者在河南乡村中所见夏季看守农作物的临时小屋，也与此类似。

（乙）云南省腾冲县允彝附近的白族住宅和庙宇都使用纵长方形平面（图43），但因气候湿热，房屋下部需要通风，故采取下部架空的干阑式结构。入口设

图42 内蒙古自治区林西县半穴居（《支那建筑装饰》第二卷）

---

1 伊东忠太：《支那建筑装饰》第二卷。

图 43　云南省腾冲县干阑式住宅（《支那建筑装饰》第二卷）

于山面。壁体采用在柱与柱之间设置水平横板，当自井干式建筑改进而成。上部屋顶用山面出际较长的悬山式，覆以稻草。当地住宅中虽也有不用干阑式结构的，但平面布置仍然相同。

　　（丙）华北、华中一带许多城市附近的小手工业者与乡村中的贫农也往往建造纵长方形小住宅。在平面上以短的一面向南，入口即设于南面。它的规模有三种。最小的仅一间，墙身多半为土墙，但也有少数用砖墙的。屋顶用瓦或稻草、小米秆、麦秸泥等做成悬山顶或一面坡顶。稍大的内部分为前、后两间：前面一间进深略大，供起居和厨房之用，后面一间作卧室。它的结构仍用木架，但木架的间隔不一定相等。木架外则一般环以较矮的不设窗土墙。南面墙身上部作三角形，与横长方形住宅的山墙类似，但其入口大都不位于中轴线上。屋顶形状在长江流域多用悬山顶，覆以稻草（图44），但也有前面用悬山式后面用四注式（即庑殿式）的。规模较大的为了扩大起居部分，产生各种不同的平面：有些在居室旁边加建厨房一小间，或将厨房与卧室并列于后部，也有在入口旁边另加工作室一间[1]（图45）。总之，此种住宅不为从前宗法社会的均衡对称法则所束缚，因而平面、立面的处理，除缺乏窗子以外还比较紧凑适用。但也

1　中国建筑研究室张步骞、朱鸣泉调查。

外观

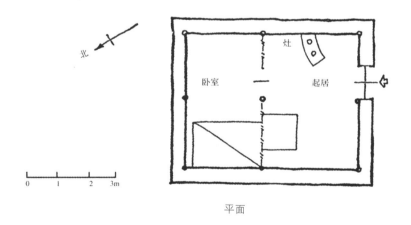

平面

图 44 江苏省镇江市北郊杨宅（中国建筑研究室调查）

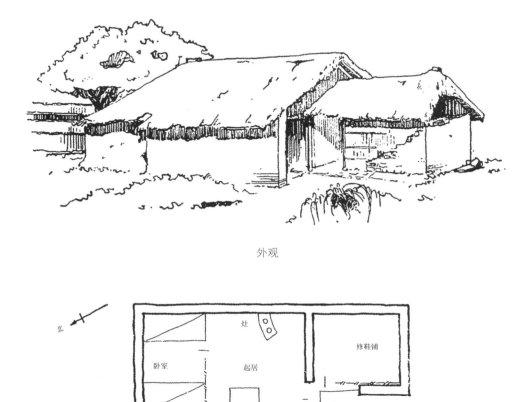

外观

北

卧室　　起居　　灶　　修鞋铺

0　　1　　2　　3m

平面

图 45 江苏省镇江市北郊沈宅（中国建筑研究室调查）

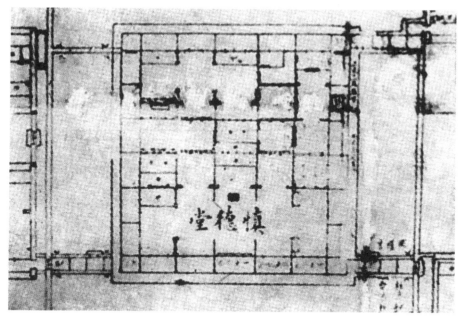

图 46 北京市圆明园慎德堂平面 (《中国营造学社汇刊》第四卷第 2 期)

由于不适合宗法社会的生活习惯,始终限于小型住宅,未能进一步发展,是异常可惜的事情。

（丁）北京图书馆所藏清道光十七年（公元 1837 年）样式雷所绘圆明园的慎德堂,面阔七间,进深九间,平面作纵长方形,证以其他史料,应是旻宁（清宣宗）的寝宫[1]（图46）。内部以槅扇、间壁和各种罩划分为若干小房间,布局很自由也很复杂曲折,是清代寝宫的常用方法。图 47 同为样式雷所绘慎德堂三卷殿立面图,但进深仅五间,不与道光、咸丰二代慎德堂符合,可能是设计时所拟草图,实际上并未建造。不过在北京一带,此类建筑多半采用勾连搭屋顶,依此图可以证实。此外,样式雷图样中还有圆明园的鱼跃鸢飞和同治年间准备重建的慎德堂也都为纵长方形平面,可见清代宫苑中采用这种平面的建筑不在少数。

---

1 刘敦桢:《同治重修圆明园史料》,《中国营造学社汇刊》第四卷第 3、4 期合刊本。

图 47 北京市圆明园慎德堂三卷殿 (《中国营造学社汇刊》第四卷第 2 期)

3. 横长方形住宅

这是中国小型住宅中最基本的形体，数量最多，结构式样也比较富于变化。在平面布局上，为了接受更多的阳光和避免北方袭来的寒流，故将房屋的长的一面向南，门和窗都设于南面。它的规模虽然随着居住者的经济条件，有一间、二间、三间、四间、五间，乃至六、七间不等，但是面阔一间与二间的小型住宅，门窗位置与室内间壁的处理比较自由，三间以上的除了若干乡村住宅和旧式满族住宅不受汉族传统的礼教所束缚以外，几乎都以中央明间为中心，采取左右对称的方式。由于各地区的自然条件相差很大，墙有版筑墙、土堲墙、砖墙、乱石墙、木架竹笆墙、井干式与窑洞式数种；屋顶也有近乎平顶形状的一面坡与两落水，以及囤顶、攒尖顶、硬山顶、悬山顶、歇山顶、四注顶种种不同的式样。本书以平面为标准，自小至大，说明这些住宅的大体情况。

（甲）面阔一间的横长方形住宅，这里只介绍两个例子。其一是云南苗胞的干阑式住宅，面阔比进深稍大。下部架空很像具体而微的楼房，因此用木梯升降。壁体为木竹混合结构，上覆草葺的悬山顶[1]（图48），除云南省外，贵州省境内也有同样的例子。另一种是内蒙古自治区南部（原热河省北部）的小型住宅，入口设于南面，但门窗位置并不对称。室内设灶与土炕。屋顶用夹草泥做成四角攒尖顶，四角微微反翘，显然受汉族建筑的影响（图49）。除了改圆形平面为长方形以外，它的设计原则和前述半固定蒙古包并无二致。此外，内蒙古喇嘛庙的僧房也有采取这种平面的，不过规模较大，入口设于正面中央，屋顶改为平顶而已。

（乙）面阔二间的横长方形住宅有下列三例。第一种是北京南郊的小型住宅[2]（图50），东、西、北三面用较厚的土墙，南面除东侧一间辟门外，其余部分都在坎墙上设窗。内部以间壁分为二间：东侧作起居室，西侧为卧室，而土炕紧靠于卧室的南窗下。墙内以木柱承载梁架，上覆麦秸泥做成的屋顶。仅向一面排水，其坡度变化于百分之五至百分之八之间，俗称"一面坡"。这种麦秸泥做成而坡度较平缓的屋顶，在黄河流域与东北诸省，除了一面坡以外，还有前、后对称或前长后短或前短后长的两落水屋顶，以及微微向上呈弧形的囤顶（图51）数种式样。它的分布范围，东北地区使用囤顶的

---

1 伊东忠太：《支那建筑装饰》第二卷。
2 中国建筑研究室张步骞调查。

图 48　云南省苗胞的干阑式住宅
（《支那建筑装饰》第二卷）

较多，其余则散见于河北、山西、山东、河南、陕西、甘肃、新疆等地。它的产生原因，首先，在经济方面，因坡度较低可节省梁架木料，而麦秸泥较瓦顶更适合农村中的经济水准。其次，在气候方面，这些地区的最大雨量，平均每年自 450 厘米至 750 厘米，其中有些地方不到 100 厘米，并且全年雨量的百分之七十以上集中于夏季两三个月内，人们只要在雨季前修理屋面一次，便无漏雨危险。因此在许多乡村甚至较小城市中，除了官衙、庙宇、商店和富裕地主们的住宅以外，几乎大部分建筑都使用这几种屋顶。也有在同一建筑群中，仅主要建筑用瓦顶而附属建筑用一面坡或囤顶的，可见经济是决定建筑式样和结构的基本因素。至于它的结构方法，虽和前述新石器时代晚期的夹草泥屋面极为类似，但式样方面，现有资料只能证明汉代已有囤顶（图 15），其余各种屋顶的产生时期目前尚不明了。

49

前述各种麦秸泥屋顶的结构，可分梁架与屋面两部分来说明。梁架方面，如为简单的一面坡顶，可依需要的坡度将木梁斜列，一头高、一头低，再在梁上置檩，檩上布椽（图50）。如为两落水屋顶或囤顶，则木梁保持水平状态，再在梁上立瓜柱承载檩子及椽子，只将瓜柱高度予以调整，便可做出需要的坡度（图52）。屋面做法，先在椽子外端置连檐，再在内侧铺望板或芦席一层，然后铺芦苇秆或高粱秆，但简陋的房屋也有省去望板和芦席，而在椽子上直接铺芦苇秆或高粱秆的（插图1）。芦苇秆和高粱秆的厚度，各地颇有出入：如气候较冷的吉林省可铺至10厘米厚，但河北省的赵县与河南省的郑州则仅厚五六厘米，因此，连檐的高度也很不一致。上部泥顶一般用麦秸泥，即在泥内加麦秸，用木拍分层打紧，但各处做法很有出入。如北京就有少数例子以麻刀代替麦秸，最后再用青灰和石灰粉光粉平。河北省赵县则在高粱秆上先铺10厘米厚的半干泥作底子，称为头掺泥。第二层称二掺泥，在泥内加麦秸，但加石灰与否依居住者的经济条件而定。二掺泥铺好后须用木拍打紧，或用八九十斤的石碾压紧，其厚度自10厘米压至8厘米为度。最后铺5厘米厚的三掺泥，比例为石灰3、泥7，以重量计算，亦须打紧或压紧。较考究的房子用煤渣代替泥土，则数年不修理亦不漏雨[1]。此外吉林省屋面的麦秸泥厚至20厘米，其上铺3厘米厚的碴土，打紧墁平，以防雨水渗透，如无碴土则于泥内加碴水或盐水代替[2]。河南省郑州的麦秸泥仅厚10厘米左右，表面所墁石灰、黄泥虽分三、四次做成，但亦只厚1.5厘米而已[3]。檐口的排水方法有数种：简单的仅于连檐上面铺砖一排，插入麦秸泥内，称为砖檐；或铺瓦一排，称为瓦檐；或在麦秸泥的周围砌走砖一排，砖上粉石灰浆拦住雨水，另在适当地点以较长的板瓦向外排水（图53）。至于此种屋顶的施工，为防止泥土受冻或因阳光蒸发产生裂缝，以春末秋初为最适宜。

除此以外，在陕西省耀县与三原县等处，还有用煤渣代替麦秸泥的方法[4]。就是椽子上先铺苇箔，次涂泥2厘米，待干后铺煤渣两层，厚10~20厘米。煤渣内加石灰，

---

1 中国建筑研究室曹见宾、杜修均、傅高杰调查。

2 长春建筑工程学校黄金凯调查。

3 中国建筑研究室张步骞调查。

4 西北工业设计院：《民间建筑及地方建筑材料调查报告》。

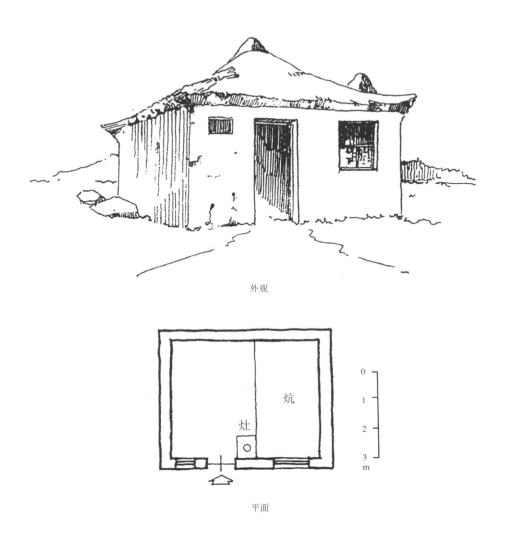

外观

平面

图 49 内蒙古自治区住宅（《满洲地理大系》）

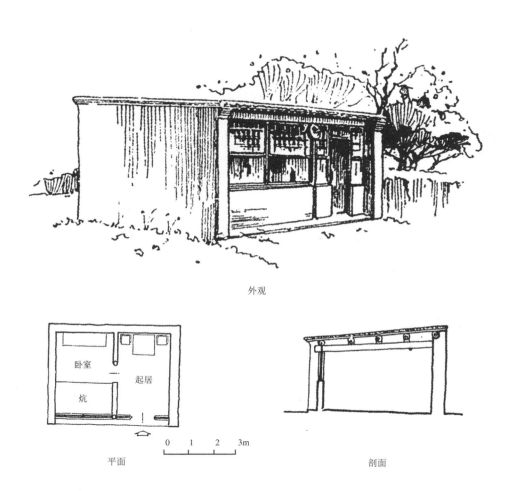

外观

卧室
起居
炕

平面

0 1 2 3m

剖面

图 50 北京市南郊住宅（中国建筑研究室调查）

图51 辽宁省义县住宅（中国建筑研究室调查）

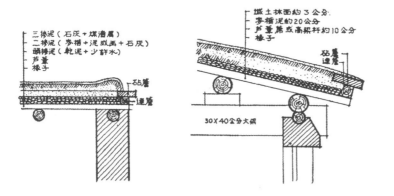
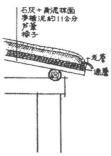

插图1 麦秸泥屋面详部做法

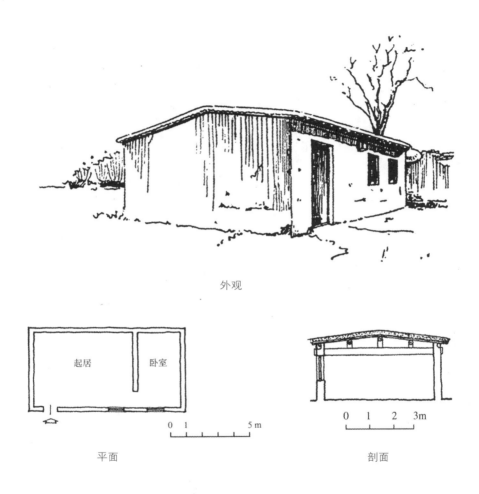

外观

起居　　卧室

0　1　　　　　5 m

平面

0　1　2　3m

剖面

图 52 河南省郑州市天成路住宅（中国建筑研究室调查）

其比例为石灰 1、煤渣 1，或石灰 2、煤渣 3。煤渣的大小，第一层稍粗，第二层稍细，也有再加少数的砂和碎砖的。施工时须以木拍打紧，然后再将表面磨光。它的重量较轻，且施工后不易发生裂缝，无疑比麦秸泥屋面为好。

上面介绍的几种做法，虽挂一漏万不能说明我国北部几省最普遍的麦秸泥屋顶的全部情况，但仍可看出我国劳动人民就地取材与因材致用的高度智慧。其中用礓土及泥内加盐水或礓水的方法，效力可能

图 53 河北省赵县住宅（中国建筑研究室调查）

并不大，但这种方法十分简便，农民自己可动手建造，无疑是因适于过去广大农村的经济状况而产生的，就是在今天也应该予以研究和提高。

第二种是河南省郑州市的横长方形住宅[1]。平面虽为两间，但西侧起居室的面积大于东侧卧室一倍以上（图 52）。周围墙壁用版筑的土墙。入口位于起居室的西南角上，窗的位置也不采取对称方式。上部覆以麦秸泥做成的两落水屋顶，坡度很平缓。由于墙身较低，室内不用天花，露出梁架。

第三种是云南省南华县北部马鞍山附近的井干式住宅[2]，平面也仅两间，但有平房与楼房两种式样。平房的规模颇小，面阔不过五米，进深不到二米半。内部划分为

---

1 中国建筑研究室张步骞调查。

2 1939 年著者与中国营造学社莫宗江、陈明达调查。

大小两间。东侧一间较大，下作卧室，上设木架，搁放什物，因此它的外观比较高耸。西侧一间作厨房与猪圈之用，皆仅有一门，无窗及烟囱（图 54）。楼房面阔约七米，前设走廊，廊的一端即为厨房。入口设于东侧一间，门内为起居室。西侧一间较小，用作卧室，内有木梯通至上层，供存放粮食之用（图 55）。因当地木材比较丰富，故内、外壁体均用木料层层相叠，至角隅作十字形相交，是为我国西南和东北诸省山岳森林地区常用的结构法。所用木料的断面有圆形、长方形与六角形数种，再在木缝内外两侧涂抹泥土，以防风雨侵入。其梁架结构，仅在壁体上立瓜柱，承载檩子，颇为简单。屋顶式样采用坡度较和缓的悬山式，正面和山面都挑出颇长。屋面则覆以筒瓦和板瓦，与云南省一般房屋没有差别。

（丙）在横长方形住宅中，以面阔三间为最普遍的形式，但墙壁、屋顶的结构式样随着各地区的气候、材料和生活习惯的差别，形成种种不同的做法。本书为篇幅所限，不拟在此一一缕举。图 56 所示，系河北省兴隆县（原属热河省）的乡间住宅。中央明间因供奉祖先并兼作起居和客堂，因此面阔稍大。左右次间用作卧室，面阔较窄，很明显是受宗法社会习惯的影响。由于当地气候较冷，一般在卧室内靠南窗处设土炕，但也有南、北两面都设有炕床的。墙壁下部的裙肩用乱石砌成，其上为土墙。悬山式屋顶在椽子上铺小米秆，次铺泥土一层，其上再铺小米秆，仅以两根木杆压住屋顶上部，比其他地区在草顶上用"马鞍"式正脊更为简单。悬山部分虽挑出不大，但仍饰以较小的博缝板。

至于此种三开间横长方形房屋的应用，北方较富裕的地主们往往在房屋周围绕以土墙，自成一廊。插图 2 所示该宅围墙作纵长方形。大门内西侧有石碾，其后建三开间横长方形房屋一座，当是工人居住地点。东南角置猪圈与厕所。后部用两个三开间横长方形房屋联为一字形，系主人的居所。前部西侧建储藏室一间，东侧划为菜地，整个布局异常简单，但已将生活所需内容都纳入围墙之内，忠实地反映出华北农村中自然经济生活的情况。

（丁）面阔四开间的横长方形住宅比较少见。图 57 所示乃江苏省松江县的乡间住宅[1]，但平面布局仍以三开间为主体，就是作为祖堂与起居室、客堂等用途的明间

---

1 中国建筑研究室张步骞、朱鸣泉调查。

外观

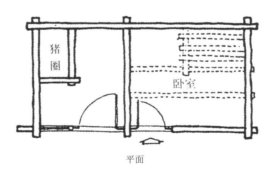

平面

图 54 云南省南华县马鞍山井干式住宅（其一）（中国营造学社莫宗江、陈明达和著者调查）

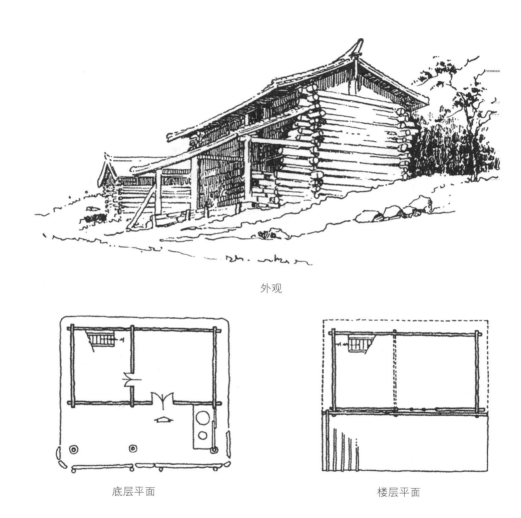

外观

底层平面   楼层平面

图 55 云南省南华县马鞍山井干式住宅（其二）（中国营造学社莫宗江、陈明达和著者调查）

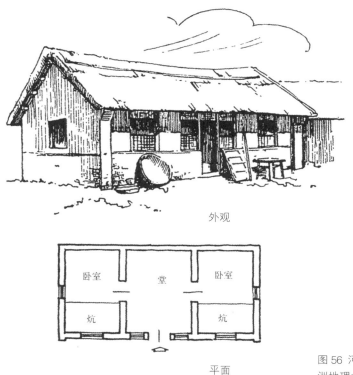

外观

平面

图 56 河北省兴隆县住宅（《满洲地理大系》）

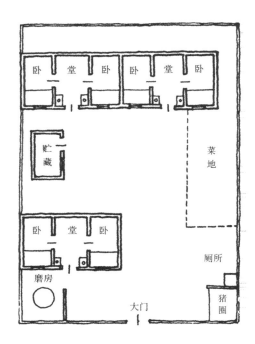

插图 2 热河住宅平面

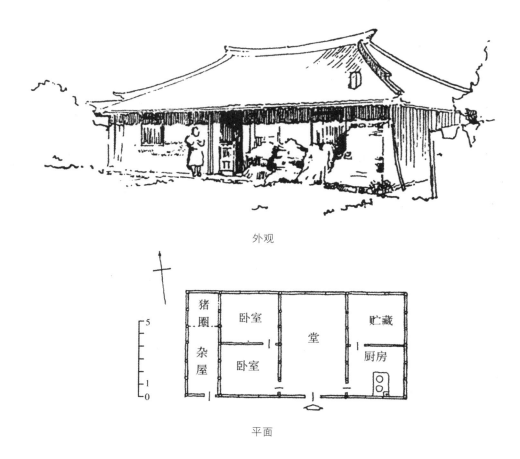

外观

平面

图 57 江苏省松江县泗泾区民乐乡住宅（中国建筑研究室调查）

面阔较大，左右之卧室与厨房稍窄，和前述三开间住宅没有差别，只是在西端再加面阔较窄的杂屋一间而已。周围墙壁的结构，因江南气候比较温暖，仅在木架外侧砌走砖一层，外侧墁石灰或利用当地丰富的竹子编为人字形竹篱保护之。屋顶式样一般用四坡形（即四注式或庑殿式），或歇山式，覆以蝴蝶瓦，可是屋角并不反翘，仅将角脊前端微微向上弯曲，或将角脊分为上下二段，上段反翘而下段不反翘，这样可避免结构上使用老角梁、仔角梁的许多麻烦，同时又能表现传统的民族形式，是很经济适用的方法。这种做法在苏南一带称为水戗发戗，不但乡间住宅如此，许多园林中的亭、榭也采用此式，不过角脊部分更为装饰化而已（插图3）。

至于宋以前一般住宅原普遍地使用四注式屋顶，见前述河南省沁阳县东魏造像碑（图21）与甘肃省敦煌壁画（图24）。但明、清二代则列为封建统治阶级最高级的屋顶形式，如北京故宫中亦只有太和殿、奉先殿和太庙正殿数处。可是江、浙一带民间住宅不受此种限制，可知明清官式建筑的做法和规定，范围原不太广，如果用以代表全国建筑是和事实不符的。

（戊）面阔五间的横长方形住宅有两种：一种属于汉族，另一种是原来满族所特有，而现在不大使用的住宅。

汉族的五开间住宅，不论壁体用砖、石或土坯、夯土、竹笆、木板，也不管屋顶用硬山式或悬山式，但在平面布置上，中央明间的面阔总是稍宽，左右次间和梢间则稍窄，使人一见而知明间是住宅的主要部分。不过这种宗法社会的习惯虽构成汉族住宅的平面和立面的重要特征，但也有若干例外。如图58所示哈尔滨的住宅[1]，各间面

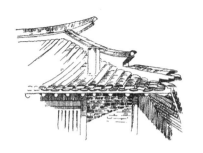

插图3

---

[1] 中国科学院土建研究所吴赝康先生调查。

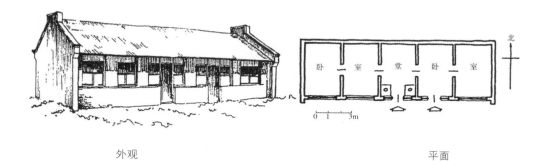

外观   平面

图58 哈尔滨市住宅（中国科学院土建研究所吴贻康调查）

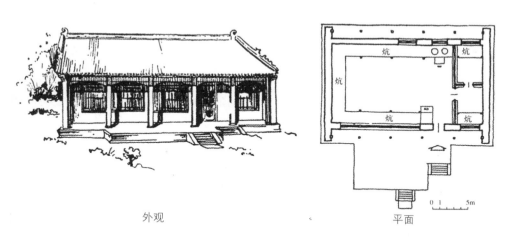

外观   平面

图59 辽宁省沈阳市清故宫的清宁宫（《东洋历史大系》）

阔完全相等，而且明间与东次间都在南面设入口，两者之间的隔墙开门一处，除了一家使用以外，又可将此门堵塞分住两家，是很经济的布局方法。它的屋顶结构，是在椽子上铺望板，其次铺泥土一层，最上铺小米秆。至于山墙高出屋面以上，不是北方的硬山屋顶做法，而和南方建筑比较接近。

满族的五开间住宅虽然也在南面开门窗，但是在东次间与东梢间之间，以间壁划分为两部分。入口设于东次间。入门为一大间，沿南、西、北三面设炕床，而西壁奉祀祖先是最庄重的地点。橱柜多沿西、北两面的墙壁，且置于炕上。炉灶设于东次间的北部。东梢间内又以间壁分为前、后两个卧室，往往作新婚的洞房。这种住宅据 13 世纪上半期的记载，似在 11 世纪业已萌芽[1]，后来成为满族住宅的标准形体[2]。不过 17 世纪中叶建造的沈阳故宫内的清宁宫，在南、北面加建走廊，屋顶采用明、清官式建筑的大木大式硬山做法（图 59）。而北京故宫的坤宁宫更变本加厉使用歇山式屋顶，已不是原来形状。入关三百年来，一般满族的生活习惯已与汉族接近，尤以在关内的满人住所，早已放弃原来三面设炕床的方式，现仅在关外的东北诸省还多少保存一部分传统习惯。就是使用三开间横长方形住宅时，虽与汉族一样，以中央明间作客堂，左、右次间作卧室，但卧室内的炕床仍为三面式，并以西次间的西壁作奉祀祖先的地点（插图 4）。

（己）面阔六开间的横长方形住宅极少见。图 60 所示系江苏省吴县光福镇善人桥的农村住宅[3]，虽面阔为六间，但客堂位于西侧五间的中央。在立面上，上部草葺的歇山式屋顶也以靠西的五间为主，而将东山面的屋顶往下延长，覆于东端的鸡屋上面。即使此部分不是后来所扩建，但原来的设计企图，以西部五间为主体已异常明显。在这点上，它和前述四开间横长方形住宅同一性质，可见宗法习惯对建筑的影响异常深刻与普遍。至于内部的间壁划分，因现在由两家合住，已不是原来的情况了。

（庚）面阔七间的横长方形房屋在一般住宅中不多见，且多为合住性质的公寓，如图 61 所示之吉林省长春市某住宅可住三家，即是一例[4]。在结构上，它仍用木构架

---

1 《大金国志》。

2 《宁古塔记略》，以及高士奇《扈驾东巡日记》。

3 中国建筑研究室张步骞、朱鸣泉、傅高杰调查。

4 长春建筑工程学校黄金凯调查。

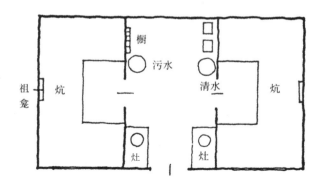

插图 4 东北满族住宅平面

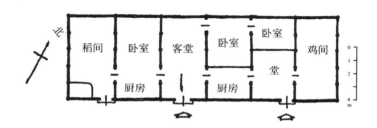

图 60 江苏省吴县光福镇住宅平面（中国建筑研究室调查）

与砖墙，但屋顶则为东北一带向上微微凸起的囤顶。屋面做法是在椽子上铺芦席一层，次铺 15 厘米厚的高粱秆，檐口再置通长的连檐，挡住高粱秆不向外侧移动，其上再做 10 厘米至 20 厘米厚的麦秸泥与 3 厘米厚的砼土面，外端用薄砖一层与蝴蝶瓦向外排水，整个出檐约自墙面挑出 50 厘米。此类住宅的屋面虽然时须修理是一个重大缺点，但是住宅的寿命，据黄金凯先生的调查有达一百年以上的，证明它的经济价值不是我们想象的那样低，值得作进一步的调查和研究。

（辛）横长方形住宅除木构架系统以外，山西地区还有砖构的窑洞式住宅。此种住宅虽称为窑洞，但实际上位于地面以上，与下面所述依黄土壁体掘出的窑洞式穴居根本不同。它的产生时期现在尚不知道，但当地因缺乏木料，从明代起庙宇方面已有砖砌的无梁殿，那么把这种结构法应用于住宅方面，也许不会太晚。

在平面布置上，入口与窗多位于正面，而入口设于中央明间。内部或为一大间；或分为数小间以券门相通；或大间与小间参错配合，在长的一面设走道与各室相联系，

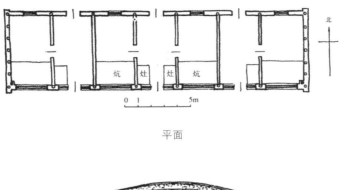

平面

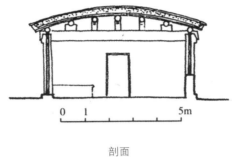

剖面

图 61 吉林省长春市二道河子住宅（长春建筑工程学校黄金凯调查）

可随需要而决定。结构方面，内、外壁体多半用砖墙，但也有少数例子，裙肩部分用石，上部墙身用砖。门窗多用半圆形砖券，但也有少数的窗用弧形券。室内大都用砖砌成半圆形拱顶。拱顶与外墙之间以土填满筑实，至屋顶，做成微具斜度的平顶，一般以石灰和泥分层打紧墁光，或在其上再铺砖一层。屋顶周围绕以女儿墙，在墙下开若干小洞向外侧的腰檐排水。并在房屋的一端设露天踏步供升降之用[1]（图 62）。它的外观由于门窗的棂格采用传统式样，墙的上部加腰檐一层，其上再用十字空花的女儿墙，整个印象不因圆券与平顶而减少民族风格。不过因砖与泥土的隔热性能，室内温度与室外相差颇大，如果平面过于复杂，室内光线与通风往往感到不够，同时造价也相当昂贵。在著者接触的范围内，住宅中使用这种结构的似乎不及祠庙之多。

---

1 中国建筑研究室张步骞、傅高杰、方长源、朱鸣泉调查。

外观

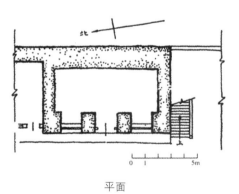

平面

图 62 山西省太原市晋祠关帝庙后院的一部分（中国建筑研究室调查）

4. 曲尺形住宅

　　新近发掘的山东省沂南县汉墓中的画像石，表明东汉末期可能已有曲尺形建筑[1]。见于明、清两代的例子，仅城上的角楼和园林中的楼阁规模稍大，在居住建筑中则始终限于城市附近与乡村中的小型住宅。它的平面布置有封闭式和非封闭两种方式。

　　（甲）非封闭式的曲尺形住宅如图 63 所示，东次间的进深比其他两间稍大，显然从普通三开间横长方形住宅发展而成[2]。墙壁虽用砖造，但因旧社会的治安关系，窗的面积颇小。其上悬山式屋顶茸以稻草，而在东次间扩伸部分之上，将屋顶向下展延，不但符合厨房不必太高的实际要求，而且外观也很朴素自然。图 64 系农村中兄弟两家合住的曲尺形住宅[3]，经过北屋南侧的走廊，每家各有一组起居室、卧室与厨房。内部间壁用芦席做成。各间的面阔、进深取决于生活需要，根本没有明间和次间的区别，更不受明间稍宽、次间稍窄的传统法则所拘束，它反映使用者的经济水准愈低，所受宗法社会的影响也就愈少。在结构上，此宅虽用木构架，但外壁用稻草构成，两侧夹以竹竿，使与柱子联系。此宅的屋顶，北屋的东端作四注式，但西屋南端用悬山式。至于稻草顶的做法，在江南一带原有两种方式：一种以稻草尖向下，另一种以稻草根向下。后者可铺成较整齐的水平层次，但此宅系农民自己所搭建，在同一屋顶使用两种方法，而且施工相当草率，不甚整齐。屋脊做法在顶部加铺稻草一层，再压以竹竿与稻草束，使其稳固，俗称为"马鞍脊"。

　　图 65 所示是较大的非封闭式曲尺形住宅[4]。南屋六间系此住宅的主要部分，但每间宽窄不等。进深方面，东端两间也比其余四间稍大。西屋四间原属次要建筑，可是南北方面的壁体不成直线，而将后部三间略向东移，整个平面处理不拘常规是它的重要特点。立面造型将南屋屋顶的东端做成歇山式，西端做成悬山式，而西屋采用一高一低的丁字形屋顶，也是南方乡村中常见的形体。不过此宅现由三家合住，门窗业已改变，不是原来情状。

1　《沂南古画像石墓发掘报告》。
2　中国建筑研究室张步骞、朱鸣泉调查。
3　中国建筑研究室戚德耀、窦学智、方长源合著的《杭绍甬住宅调查报告》（未刊本）。
4　中国建筑研究室张仲一、窦学智、戚德耀、杜修均调查。

外观

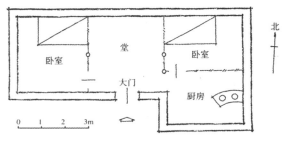

平面

图63 江苏省镇江市
北郊住宅（中国建筑
研究室调查）

外观

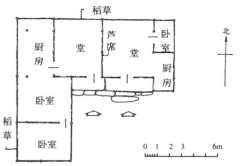

图64 浙江省杭州市
玉泉山住宅（中国建
筑研究室调查）

平面

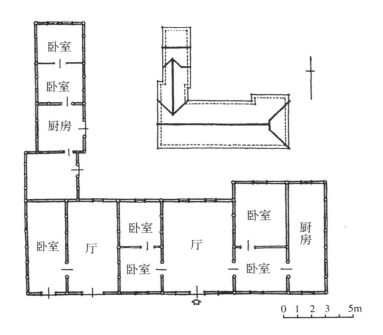

图 65　江苏省嘉定县南翔镇住宅平面（中国建筑研究室调查）

（乙）用围墙封闭起来的曲尺形住宅，在平面上有两种不同形体。其一规模较小，无论天井位于前部或后部的一角，整个平面都作纵长形。这种平面一入门便是起居室，而起居室与卧室、厨房直接联系，虽然比较紧凑，但是光线与通风均感不够，图 66 所示即是一例[1]。另一种在曲尺形房屋的相对二面建造围墙，构成方形或近于方形的长方形院落，因此整个平面不过于狭长，而主要房屋进深稍大，且往往向南，无疑比前者较为舒适合用。大门多半设于围墙部分的任何一面，但也有为出入方便起见，设于次要房屋内的[2]（图 67）。

1　中国建筑研究室张步骞、朱鸣泉、傅高杰调查。
2　中国建筑研究室张步骞、朱鸣泉调查。

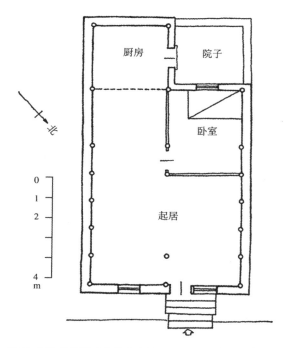

图 66 江苏省吴县光福镇住宅平面（中国建筑研究室调查）

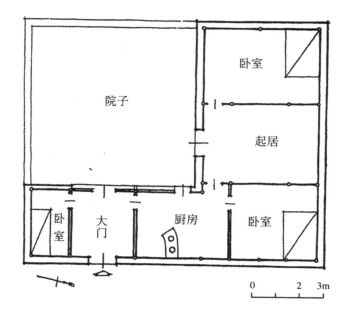

图 67 江苏省镇江市洗菜园住宅平面（中国建筑研究室调查）

5. 三合院住宅

这类住宅无疑由横长方形住宅的两端向前增扩而成。不过在平面上，标准形体的布局虽然比较简单，但是它的变体很多：或以一个横三合院与一个纵三合院相配合，或以两个方向相反的三合院拼为 H 形，或前、后两个三合院的面阔一大一小重叠如凸形，或在三合院周围配以附属建筑构成不对称的平面。兹分平房和楼房两类，每类再由简至繁选择若干例子介绍如下。

（甲）单层三合院住宅有非封闭式与封闭式两种基本形式，以及由此二者组合而成的混合体。

单层的非封闭式三合院多半位于乡村中。无论面阔三间或五间，都具有明确的中轴线。但因没有围墙，正屋与东、西屋都暴露于外，其中面阔三间的可能就是三合院住宅的原始形体。图 68 所示四川省广汉县乡间住宅[1]，面阔五间而东、西梢间比中央三间稍宽，是不常见的方式。在结构上为了固定木构架，周围使用较厚的土墙，上部覆以稻草做成的歇山式屋顶。同时为了保护墙面不受风雨侵蚀与室外走道不被雨雪打湿起见，它的出檐须挑出较长，因而利用天然弯曲的木料，做成向上反曲与挑出一米以上的撑栱，以承受屋檐重量。在我们知道的范围内，只有四川、贵州的民间建筑才有这种特殊作风。

单层的封闭式的三合院由于房屋所有者的经济条件较好，它的分布范围除乡村外，城市中亦有相当数量，图 69 所示即是一例[2]。此种住宅的特征是向外不开窗，形成封闭式外观。它的主要部分为面阔三间的硬山建筑，南向微偏东。中央明间作祖堂、客堂与起居室之用，其后划出一小间开设后门。左、右次间作卧室，但其南侧为东、西厢房所挡住，只能开很小的南窗各一处。东、西厢房原只一处作厨房，现两家合住，使用方式已不是原状态。由于长江流域比较炎热，夏季东、西日晒相当强烈，因而东、西厢房的面阔不大，使天井成为东西长、南北短的形状。其南有较高的围墙遮住东、西厢房的山面，中央辟门，门外建照壁一堵，十足表现出封建社会地主阶级的生活习惯。不过另外有许多例子不建照壁，南面围墙也较低，显出东、西厢房的山墙。而云南省的三合院住宅往往将正屋的悬山式屋顶做成中央高、两侧低的形状，并将大门直接设

---

1 中国营造学社刘致平调查。

2 中国建筑研究室张步骞、朱鸣泉调查。

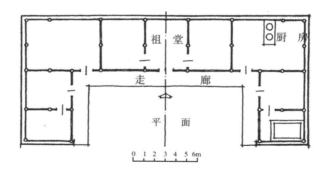

图 68 四川省广汉县住宅（中国营造学社刘致平调查）

外观

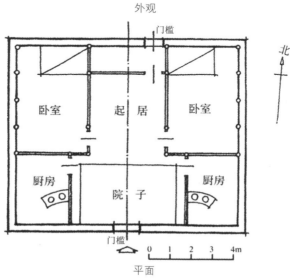

图 69 江苏省镇江市洗菜园住宅（中国建筑研究室调查）

插图 5 云南省丽江县三合院住宅

于东屋的南侧或西屋的西南角上以便出入（插图 5）。或为通风和眺望的缘故，在南面围墙上开美丽玲珑的漏窗数处，因此无论在适用或艺术处理方面似乎都高出一筹。

广州市石牌村的三合院住宅[1]（图 70）在平面布局方面比上述江苏省镇江市的例子更为紧凑，并在左、右厢房侧面各辟一门，准备两家合用时，东、西厢房可作为两个厨房之用。厢房上部用一面坡屋顶，向天井排水。正屋则为双坡之硬山顶。客堂与卧室仅在屋顶瓦间各装明瓦数块，以采取光线。外墙一般都不开窗，因此室内通风成为很大问题。据说主要是因为防盗与风水迷信的缘故，但现在应当亟予改进。这种住宅有独立的；也有前、后两座相连接而中间仅留一条滴水沟；或多座聚集一处，形成小村落的形状（见总平面图）。居住者的身份除地主外，还有富农、中农、贫农等。因此在材料方面，有些墙身完全用青砖，有些墙的外侧用青砖，内部用土墼，有些全部用土墼砌成，颇不一致。

上海市顾家宅的单层封闭式三合院[2]（图 71），以面阔五间的正屋与前面横长形

---

1 华南工学院建筑系刘季良、赵振武先生调查。

2 中国建筑研究室张步骞调查。

外观

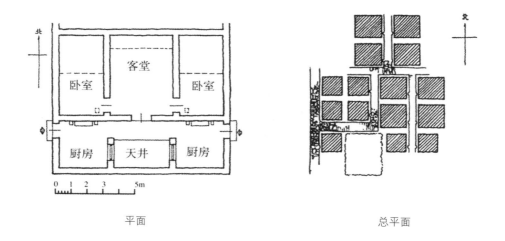

平面　　　　　　　　　　　　　　　　总平面

图 70 广州市石牌村住宅（华南工学院刘季良、赵振武调查）

的左、右厢房相接，是较
特殊的例子。它的外墙结
构在木构架的外缘砌走砖
墙，再在砖墙外侧以竹篱
保护；正面亦以竹篱代替
围墙。而正屋的歇山式屋
顶与两侧厢房上的悬山式
屋顶相衔接，构成轻快朴
素的外观，是江苏省东南
一带乡村中常见的式样。

外观

　　在从前物质生活比较
不丰裕、同时治安不好和
交通相当不便的农村中，
三合院的平面处理又是另
外一种方式。图72所示系
黑龙江省克山县的地主住
宅，周围用土墙包围起来，
四角均设有防守的炮垒。
大门位于南面中央，门内

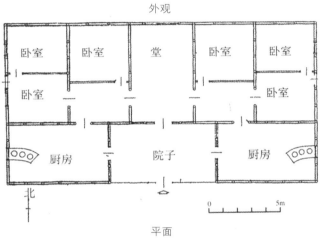

平面

图71　上海市顾家宅路顾宅（中国建筑研究室调查）

有较广阔的院子。正屋五间内有火炕和烟囱等防寒设备。其前建东屋四间储藏谷物与
饲牲口的草料，附近建有马厩及鸡舍。西屋三间作磨房与农具室，稍南为猪圈。西北
角另有圆形谷仓五座。所有这些与前述南方诸例相比较，使我们清楚地了解我国南、
北地区的住宅，由于各种客观条件的不同，存在着很大差别。

　　此外，在南方农村中，我们还发现单层三合院住宅中，有不少封闭式与非封闭式
的混合形体。图73所示湖南省湘潭县韶山村我们伟大的领袖毛泽东主席的故宅即是
其中一例[1]。它的主要部分是一个非封闭式的坐南朝北的三合院，大概因地形关系不
得不采取这种朝向。这部分以中央的祖堂兼客堂为主体，它的后面有一个小三合院向

1　中南土建学院强益寿等调查。

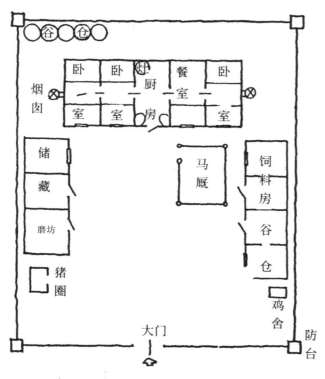

图 72 黑龙江省克山县住宅平面 (《满蒙风俗习惯》)

外微微凸出，再在左侧（即东侧）配置厨房、卧室、书室等，毛主席的卧室即在其内。据说右侧（即西侧）部分乃族间公产，因此在结构上虽也用土坯墙，但屋顶材料西侧用茅草顶，东侧用瓦顶，并不一致。另外，在这三合院的东侧又置有南北狭长的封闭式三合院，纳谷仓、猪圈、牛栏、厕所等于内，构成不对称的平面。这种附属建筑用纵长的三合院或四合院的方式，曾见于湖南、浙江二省和前述广东省与福建省的客家住宅，无疑

是南方居住建筑的特征之一。它的外观为了配合不对称式平面，将歇山、悬山、硬山三种屋顶合用于一处，颇为灵活自由，尤以后门上部的腰檐与墙壁的处理方法，不仅是适用上和结构上不可缺少的部分，在造型方面也发挥很好效果。没有它，整个外观必然显得呆板而乏变化。可见我国的乡村住宅中蕴藏着许多宝贵资料，等待我们去作更深入的发掘和研究。

（乙）二层的三合院住宅几乎全部属于封闭式。它的分布范围多半在南方诸省的城镇和乡村中。不过有些全部用楼房，有些仅主要的北屋用楼房，东、西厢房仍为平房。图 74 所示属于后一种[1]。这是安徽省徽州市的明代小型住宅，在造型方面虽然南面围墙并不高，但是大门上覆以内外均出三跳斗栱的门罩，既简单美观又适用。门内东、西厢房各两间，天井采用狭长的平面。厨房位于东屋的东墙外，不在主要建筑范围以

[1] 中国建筑研究室张仲一、曹见宾、傅高杰、杜修均合著的《明代徽州住宅》。

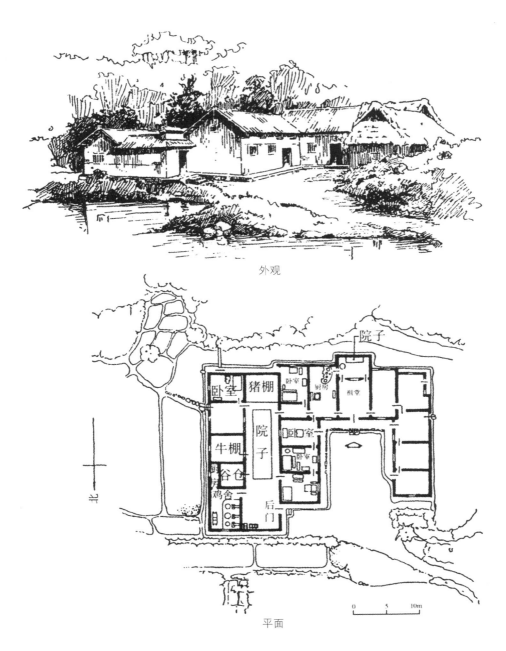

外观

平面

图73　湖南省湘潭县韶山村毛泽东主席故宅（中南土建学院强益寿等调查）

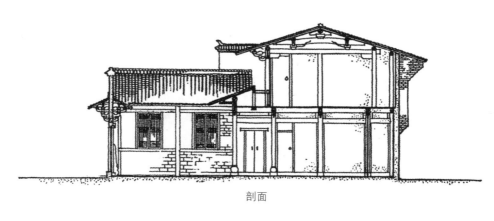

剖面

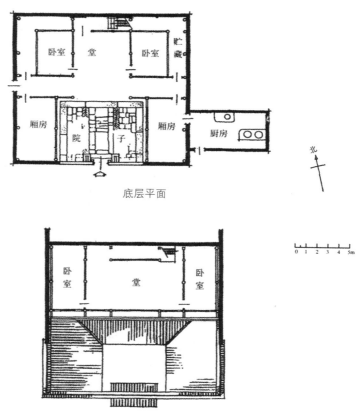

底层平面

楼层平面

图74 安徽省歙县西溪南乡黄卓甫宅（中国建筑研究室调查）

内。在平面上北屋虽以间壁分为大、小五间作卧室与储藏室，但梁架结构仍为三间。楼梯设于明间后面，通至上层。上层改为三间，而中央明间特大，可是梁架结构却是五间，不与楼下一致是明代的特殊做法。南窗外侧，在腰檐上有平台一列，原来铺砖，但现已无存。因为山区潮湿，周围的柱子都不砌入墙身内。除了这些特征外，其余梁架、斗栱和门、窗的式样做法都与当地明中叶以后遗物类似。而楼上东端梁架上还残留一部分明代彩画，很是宝贵。

两层三合院住宅的变体如图75所示安徽省绩溪县城区的张宅[1]，以两个三合院组成H形楼房作为全宅的主体，再在东、南两面配以若干平房，构成较复杂的平面与外观。它的大门并不位于中轴线上，自大门经院落折西进入主楼前部的东廊屋。在三开间的主楼前、后两面，各有一个狭长的院子和东、西廊，楼梯位于后部的西廊内。据当地明代以来的习惯，楼上作为主要的居住地点，平面布置往往不与楼下符合，此例仍保存这种方法。它的平房分三部分，第一部分位于主楼前部，原来可能作储藏室与工人卧室之用，但改修后，其西南角一间向外开门，已不是本来面目。第二部分为主楼东北角的厨房、厕所、猪圈等。第三部分在厨房东侧再建三开间平房与跨院，也许作书塾之用。此种状况系一次造成抑陆续扩建虽无法追索，但就现状言，这些平房无论在平面或外观上都使左、右对称的主楼不陷于平淡呆板。尤以前部平房的轮廓，由西端较高的弓形山墙向东逐步降低，并在墙上点缀扇形和横长方形小窗与东端较大的漏窗，除了缓和轮廓较生硬的主楼以外，并能配合第二、第三部分的平房发挥平衡作用，是经过一番苦心处理的。它的年代，依据各种结构式样判断，应是清代所建。

在二层三合院的变体中，除了上述不对称的例子以外，浙江省余姚县鞍山乡五村某宅则采取均衡对称的方式[2]（图76）。此宅规模颇大，由前、后两部分接合而成。前部主楼仅三间，但面阔相当大，夹峙左、右的东、西两楼，则由面阔较大的五间和较窄的三间配合而成。为了交通关系，不仅主楼与东、西两楼之间设有走道，东西楼本身也因过于狭长，也用走道划分为前、后两部分。同时为了采取光线，又在主楼和东、西二楼的背面，各设狭长的院子一处，故此宅前部平面略似H形。后部则在中轴线上建面阔五间的单层三合院一座。除了大门位于东南部及西侧加建杂屋一区以外，主要

1 中国建筑研究室张仲一、曹见宾、傅高杰、杜修均调查。

2 中国建筑研究室戚德耀、窦学智、方长源合著的《杭绍甬住宅调查报告》（未刊本）。

外观

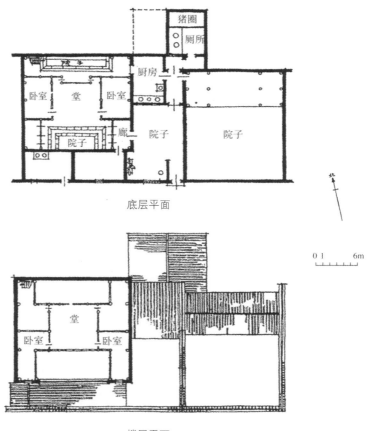

底层平面

楼层平面

图 75 安徽省绩溪县城区住宅（中国建筑研究室调查）

部分完全是对称形状。它的立面处理，主楼较高，东、西两楼较低，此二楼采用屋角反翘的歇山顶，与后部单层硬山建筑相配合，显得主宾异常分明。如果不入内调查，几乎不相信是属于同一座住宅建筑。

图 77 所示是浙江省绍兴市乡间的大型住宅[1]。由十几个大小不同的三合院组合而成。平面布局可分为三部分：中央部分在轴线上建门厅、大厅、祖堂和后厅四座主要房屋，而后厅系两层建筑，作居住之用。其中大厅与祖堂面阔五间，后厅面阔七间，方向皆朝南。另外两部分为左、右两侧的次要建筑，

外观

平面

图 76 浙江省余姚县（市）鞍山乡住宅（中国建筑研究室调查）

面对着大厅与祖堂的山墙，方向是朝东或朝西。为了解决这两部分的光线和通风，除在上述二建筑的山墙外侧，设南北长、东西狭的纵长形院子以外，又分割大厅和后厅前面的院子，增加两侧房屋的院子面积。总的来说：中央部分的房屋与院子采取横列式，而两侧房屋与院子采用纵列式，是当地大型住宅在平面布局上的基本原则。而实际上这种方法并不仅限于大型住宅，当地的寺庙[2]以及下面叙述的福建省客家住宅也大都如此，当是浙江、福建一带常用的布局方法之一。

---

1 中国建筑研究室窦学智、戚德耀、方长源合著的《调查报告》（未刊本）。
2 中国建筑研究室窦学智的《浙江余姚县保国寺大雄宝殿》（未刊本）。

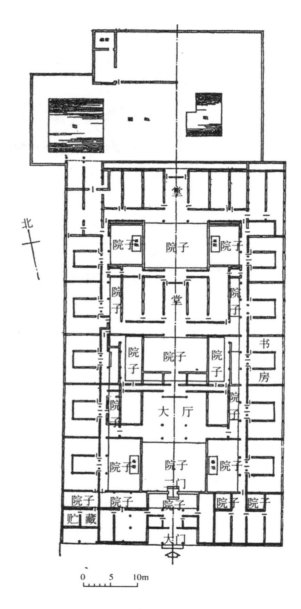

图 77 浙江省绍兴县（市）小皋埠乡秦宅平面（中国建筑研究室调查）

6. 四合院住宅

在时间方面，四合院住宅最少已有两千年的历史，并且建造和使用这种住宅的人，由富农、地主、商人到统治阶级的贵族，他们都具有较优越的经济基础，其中一部分人还窃据了较高的政治地位。它的分布范围已遍及全国，随着不同地区的自然条件与风俗习惯，又产生了各种各样的平面、立面。因此它的规模与内容，自然占据着中国住宅的首要地位。总的来说，对称式平面与封闭式外观是这种住宅的两个主要特征。本书暂依其式样与结构，划分为单层四合院和多层四合院两类。

（甲）单层四合院住宅的平面布置，又可分为大门位于中轴线上和大门位于东南、西北或东北角上的两种不同形体。前者大抵分布于淮河以南诸省与东北地区。后者以北京为中心，散布于山东、山西、河南、陕西等省。其产生这种差

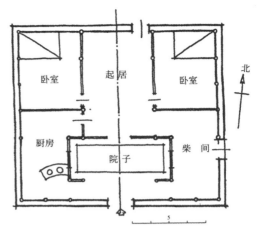

图 78 江苏省镇江市洗菜园林宅平面
（中国建筑研究室调查）

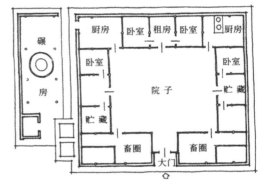

图 79 四川省广汉县住宅平面
（中国营造学社刘致平调查）

别，是由于过去封建社会的风水迷信，也就是先天八卦学说的影响。但从发展方面来看，四合院显然是由三合院扩增而成。在平面处理上，三合院或四合院的大门位于中轴线上是比较自然的形式，而先天八卦的流行是从宋代开始的，因而后者的产生时期显然要比前者为晚。

大门位于中轴线上的单层四合院住宅，暂以下列几个例子为代表。

图 78 所示江苏省镇江市洗菜园林宅[1]，在三合院大门内，沿着天井南侧的墙，建

---

1 中国建筑研究室张步骞、朱鸣泉调查。

走廊一段与东、西屋相衔接。如果与图 69 及图 79 比较，此段走廊似乎是三合院发展到四合院过程中的过渡形式。此例为避免夏季日晒的灼射，改以西屋作厨房，东屋储藏燃料，并在东屋开旁门以便出入，可是作为卧室的北屋的东西次间缺乏采光的窗，则是无可讳言的缺点。

图 79 所示是四川省广汉县一户富农的住宅[1]。在平面上具有明显的中轴线，并沿着略近方形的院子建造房屋。该宅将主要建筑大门与祖堂、客堂置于中央部分，其余房间采取左、右对称方式，是南方农村中较典型的例子。此外，从它的家畜圈栏等位于大门两侧，可看出当时人们在治安不良的状况下，为了保护生产上不可缺少的牲畜，如何忍受着不卫生的痛苦。碾房位于住宅的西侧是当地常见的方式，不过也有置于四合院的南屋或宅外东南角上的。

图 80 所示上海市四平路刘宅[2]，是从前地主的住宅，建于清中叶。平面布置虽与图 79 同一原则，但在住宅前面置有树篱和垂花门一座。住宅本身的规模也较大，且无碾房及牲畜的圈栏，而房屋的造型采用屋角反翘形式，都是经济条件较好的表示。

图 81 所示是湖南省新宁县前官僚地主的住宅[3]，亦即著者之祖宅建于清代末期，由前、后两进四合院组成。第一进西侧为平面比较复杂的客厅与书塾。东侧为仓楼，而楼上并不使用，完全因为迷信左青龙右白虎、青龙高于白虎才吉利的风水之说，在谷仓上面加建毫无实际需要的楼房四间。第二进北屋五间，东、西屋各三间。而北屋明间为了举行婚丧礼节时不拥挤起见，将前部壁体退后少许，很合实际需要。北屋后面为果园。由果园西北角上的后门通至其外的菜圃，再有围墙一重包于菜圃的外面，可见当时剥削阶级的生活情况。可是同为乡村中地主的四合院住宅，在东北地区，房屋周围不但有围墙，而且四角还建有炮楼，又在大门外建照壁；大门内建影壁；正房前面建照门等（插图 6）。表示地主们为了本身安全，在原则上虽都采取封闭式建筑，但因客观需要不同，也就产生某些不同的手法。

图 82~ 图 84 所示是吉林省吉林市内中流住宅较普遍的形式[4]。在平面布局上，

---

1 中国营造学社刘致平调查。

2 同济大学建筑系调查。

3 著者调查。

4 长春建筑工程学校黄金凯调查。

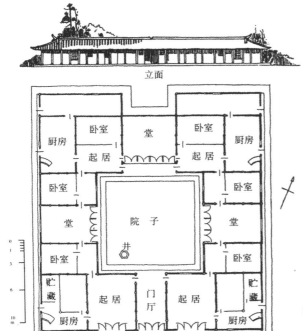

立面

图 80 上海市四平路刘宅
（同济大学建筑系调查）

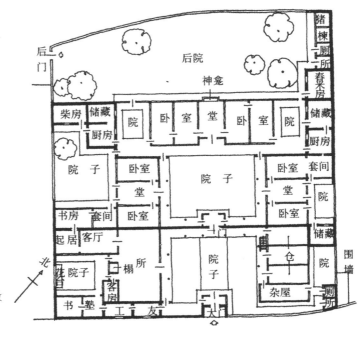

图 81 湖南省新宁县城区刘敦
桢教授祖宅平面（著者调查）

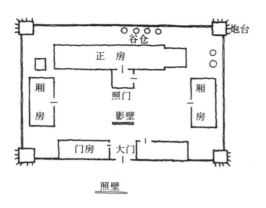

插图 6 东北农村住宅平面（《满蒙风俗习惯》）

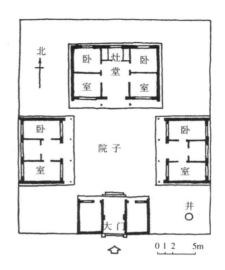

图 82 吉林省吉林市东合胡同住宅平面
（其一）（长春建筑工程学校黄金凯调查）

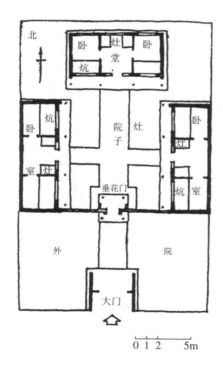

图 83 吉林省吉林市东合胡同住宅平面
（其二）（长春建筑工程学校黄金凯调查）

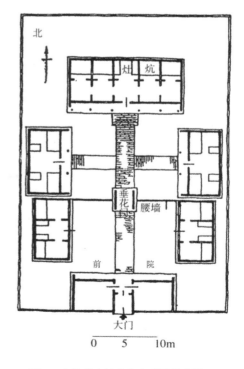

图 84 吉林省吉林市头角胡同住宅平面
（长春建筑工程学校黄金凯调查）

这三个住宅都具有明显的中轴线，并将大门置于此轴上。图82所示系小型四合院。图83则规模稍大，且以内垣与垂花门将全宅分为前、后两部。图84所示不但前院建有东、西屋，而且大门与北屋也都改为面阔五间。总的来说，一方面将大门建于中轴线上，另一方面又在住宅中部建垂花门，很明显地糅合了南北两地区的不同做法于一处。此种平面又见于沈阳一带，是否受山东省登莱半岛移居人们的影响，抑为当地特创的方法，尚待进一步研究才能确定。

除了上述各种例子以外，在南方人口较稠密的城市中，住宅的平面、立面处理方法又略有不同。图85所示湖北省武汉市住宅是其中较简单的一例[1]。由于基地面积不大，而需要的房间颇多，只在中轴线上置长方形院子一处。同时因四面都是街道，不得不用高墙封闭起来，致内部光线和通风都感不够，尤以后部房屋因进深太大，此种缺点最为严重。不过它的正面立面的处置手法，值得注意。就是在中轴线上开大门及左、右小窗各一处外，又在墙的上部挑出四个墀头，而中央两个墀头较高，挑出也较长，夹峙于大门上部。这两个墀头间的墙壁以线脚分为三层，自下而上逐层向外挑出，表示这部分的重要性，使与左、右墙面发生若干变化。上部再以水平的人字形墙顶将四个墀头联系起来，而位置较墀头略低。手法很简单，却增加了不少艺术效果，无疑是一位斫轮老手的作品。

图86所示是福建上杭县位于城区内[2]的住宅。整个平面由于地基进深较大而面阔很窄，在中轴线上建门厅、下厅、上厅和三厅四座主要建筑。下厅平面作纵长方形，供会客及婚丧典礼之用。上厅平面更狭而深，以间壁划分为前、后两部分，前部宴客，后部作女眷们会客地点。三厅的明间也作纵长方形。这些厅堂两侧的厢房都作起居与卧室。最后两层院子的左、右作厨房及猪圈、鸡舍之用。此宅虽有效地利用地基面积，建造了不少房屋，但院子面积太小，致大部分房间光线不够，通风不好。因此，不得不将房屋的高度略为加大，是从前南方城市住宅常用的方法。

大门不位于中轴线上的住宅，是受以往以河北省正定为中心的北派风水学说的影响而形成的。这派人认为住宅与宫殿、庙宇不同，不能在南面中央开门，应依先天八卦以西北为乾、东南为坤，乾、坤都是最吉利的方向，因而用以作为决定住宅大门位

---

1 前中南建筑设计公司王秉忱等调查。
2 中国建筑研究室张步骞、朱鸣泉调查。

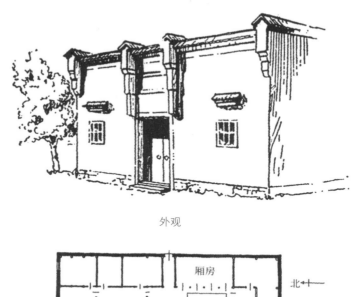

外观

平面

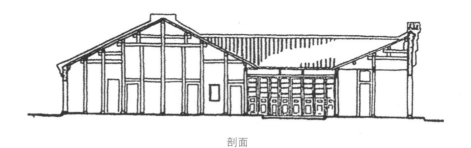

剖面

图 85 湖北省武汉市住宅（前中南建筑设计公司王秉忱等调查）

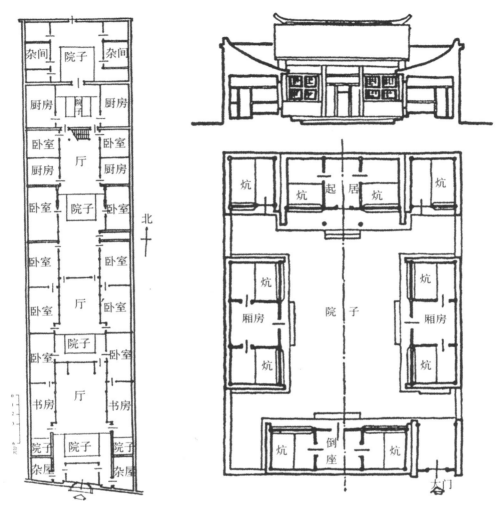

图 86　福建省上杭县城区住宅平面　　　　　图 87　北京市四合院住宅平面（其一）
　　（中国建筑研究室调查）　　　　　　　　　　　　（《北支住宅》）

置的理论根据。因此路北的住宅，大门辟于东南角上；路南的住宅，大门位于西北角上。东北是次好的方向，多在其处掘井或作厨房，必要时也可开门。唯独西南是凶方，只能建杂屋、厕所之类。这种迷信思想不仅支配了以往北京住宅的平面布局，而且在不同程度上影响了山西、山东、河南、陕西等省的住宅。即便如此，住宅的布局毕竟不能脱离人们的生活需要与各种自然条件和经济条件，因而我们在这些地方仍然发现不少例外。

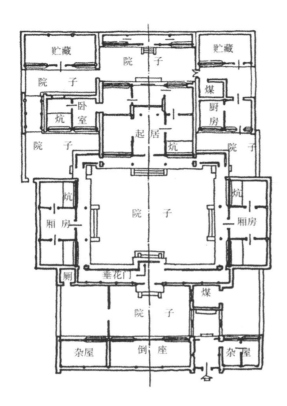

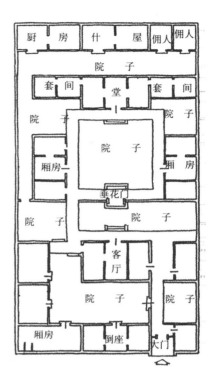

图 88 北京市四合院住宅平面（其二）
（《北支住宅》）

图 89 北京市四合院住宅平面（其三）
（著者调查）

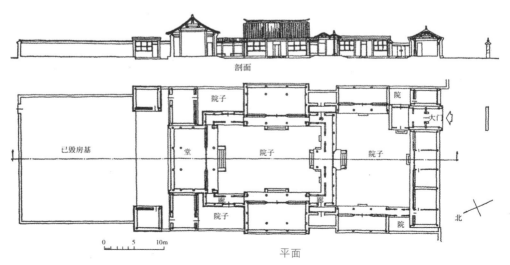

图 90 北京市地安门附近住宅（中国建筑研究室调查）

　　图87~图90所示四座北京住宅虽规模大小有所不同，但都依据上述原则将大门设于东南角上。入门后对门有照壁一堵，经小院，折西才达到住宅的本体。其中图87所示住宅面积较小，仅有一个南北狭长的院子，没有垂花门和围绕着院子的走廊，东、西厢房也仅用一面坡的瓦顶。图88所示住宅有院子三重，而第二重院子是全宅的主要部分，周围配列北屋，东、西屋和垂花门、走廊等。其中北屋为面阔三间的硬山建筑，左、右附有套房各两间，用作主人的卧室与储藏室等。东、西屋虽都是三间，但面阔、进深较北屋稍小，表示封建社会的主从关系。图89所示住宅具有院子四重，大门内未设照壁，但较重要的特征是入门后以走廊通至客厅，而客厅又有走廊与第三重院子的西屋相联系，雨雪时出入利用走廊，比前述两例较为方便。又西屋后面辟甬道一条，俾佣工购买什物与女眷们出入不必经由垂花门，是适应当时生活习惯的必要措施。图90所示住宅大门外有影壁，宅内虽仅有院子两重[1]，可是院子的面积较大，房屋的空间组合比较疏朗，并且次要房屋使用平顶，不仅节约工料，且使外观发生若干变化，是较好的处理方法。总之，这种四合院最引人入胜处是各座建筑之间用走廊连接起来，不但走廊与房屋因体量大小和结构虚实产生对照作用，而且人们还可通过走廊遥望廊外的花草树木，造成深邃的视野与宁静舒适的气氛；同时以灰色的地砖和墙壁衬托金碧交辉的柱、枋、门、窗等，更使得整个住宅十分雍容华丽。当然，这些艺术风格是过去为统治阶级服务而产生的，但在另一方面，它们是无数匠师们苦心创造的结晶品，决不能抹杀其应有价值。只可惜全体布局和详部结构、装饰为过去封建社会各种政令与习惯所拘束，几乎成为一种定型。同时在功能方面，因全部使用平房，占地过多，已不适合今天的经济条件，即使人们对它们异常热爱，仍不能挽救其逐渐消灭的命运。问题是在不违背今天适用、经济和各种技术条件的原则下，如何吸收它们的优点，予以灵活应用，才是正确途径。有关北京四合院住宅内之垂花门及内院景象，可参见图91、图92。

　　图93所示系河北省宛平县住宅兼商店的例子[2]，虽然东、西屋一大一小未采取对称方式，但是大门位于东南角，厕所位于西南角，仍是依据风水迷信的原则而决定的。此例用麦秸泥构成平缓的一面坡屋顶，除了檐口排水的一面以外，其余三面砌有较矮的女儿墙，并用普通板瓦做成透空的球纹装饰，是华北民间建筑较普遍的方法。

1　中国建筑研究室张步骞调查。

2　北京城市规划局设计院巫敬桓等调查。

图 91 北京市某住宅垂花门（中国建筑研究室调查）

图 92 北京市某住宅内院（中国建筑研究室调查）

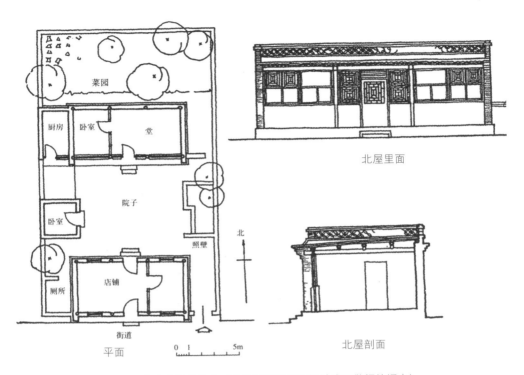

菜园

厨房　卧室　堂

院子

卧室

照壁

北

店铺

厕所

街道

平面

0　1　　　　5m

北屋里面

北屋剖面

图 93 河北省宛平县住宅（北京城市规划局设计院巫敬桓等调查）

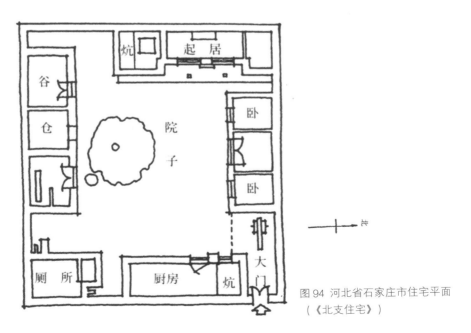

炕　起居

谷仓

院子

卧

卧

厕所　厨房　炕

北

大门

图 94 河北省石家庄市住宅平面
（《北支住宅》）

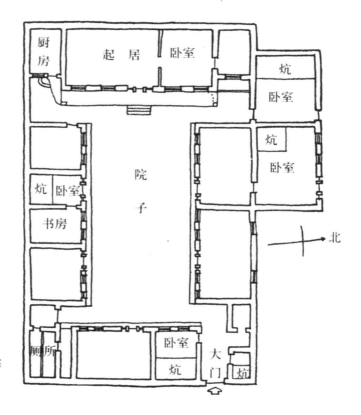

图95 山西省太原市住宅平面（《北支住宅》）

图94所示是河北省石家庄市的农村住宅。图95所示是山西省太原市的中型住宅。这两个例子的大门都开在东北角上，但置厕所于东南角，由此可见华北一带的住宅平面仍有不少于传统习俗相连。

图96~图100所示是山东省德州市[1]、河南省开封市[2]、陕西省西安市[3]、山西省大同市[4]、河北省正定市[5]等处的中型和大型四合院住宅。全体平面都作南北长而东西狭的形状，并置大门于东南角上，所不同的是德州与大同两例的主要建筑附有前廊，院子也近于方形，和北京住宅比较接近；可是正定、开封、西安三例采取南北狭长的

1 中国建筑研究室傅高杰、朱鸣泉调查。

2 中国建筑研究室张步骞调查。

3 中国建筑研究室张步骞调查。

4 中国建筑研究室杜修均、朱鸣泉、张步骞、傅高杰及南京工学院建筑系潘谷西调查。

5 中国建筑研究室戚德耀及同济大学建筑系陈从周、朱葆良调查。

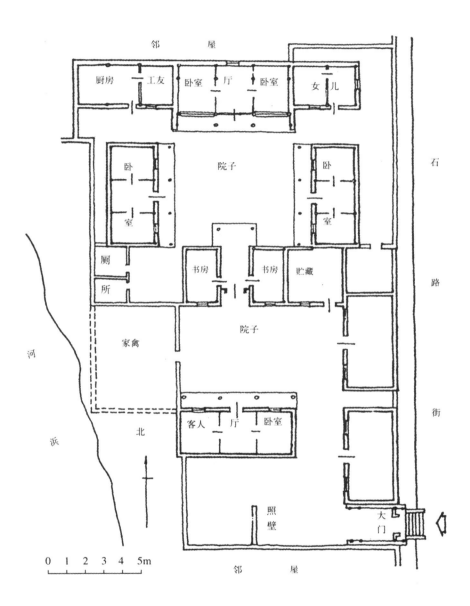

邻　　屋

厨房　工友　卧室　厅　卧室　女　儿

院子

卧　　室　　卧　　室

厕所

书房　书房　贮藏

院子

家禽

客人　厅　卧室

河

浜

北

照壁

大门

邻　　屋

石　　路　　街

0　1　2　3　4　5m

图 96　山东省德州市傅宅平面（中国建筑研究室调查）

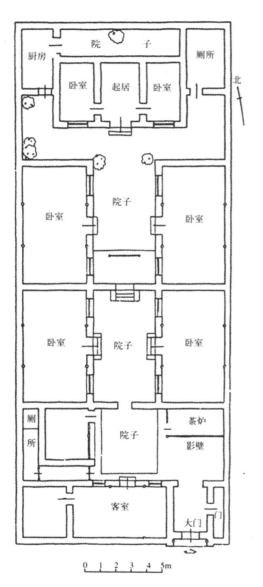

图 97 河南省开封市裴杨公胡同王宅平面
（中国建筑研究室调查）

外观

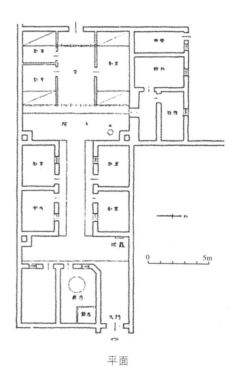

平面

图 98 陕西省西安市耿宅
（中国建筑研究室调查）

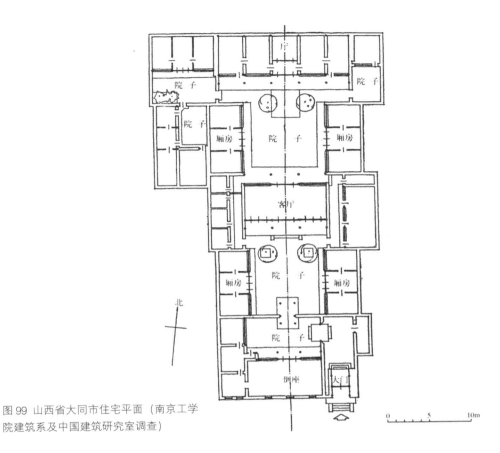

图 99 山西省大同市住宅平面（南京工学院建筑系及中国建筑研究室调查）

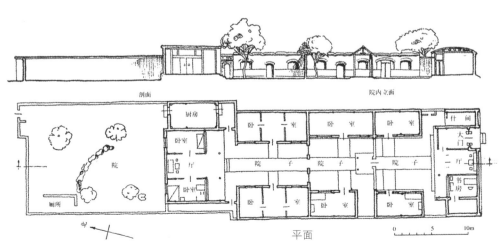

图 100 河北省正定县（市）马宅（同济大学建筑系及中国建筑研究室调查）

院子，故东、西屋将北屋的东、西次间遮住一部分。这种方式在华北诸省相当普遍，而与长江、珠江流域使用东西长、南北狭的院子恰恰相反。据著者不成熟的看法，除了节约基地面积以外，这些地方夏季最热的日数比南方少，气温也稍低，因而西晒不太强烈，可能是采用这种平面的原因之一。在造型方面，前述正定住宅除垂花门外几乎全部使用麦秸泥做成的平顶和囤顶。西安住宅则大门与倒座用一面坡屋顶向院内排水，因而夯土做成的外墙比较高耸，不得不在墙身上部装薄砖两排，增加墙身的强度并防止雨雪侵蚀墙面，同时在外观上可配合上部出檐，增加水平线角，使平坦的墙面发生变化，是相当成功的手法。

除此以外，还有两个特殊例子。一个是图 101 所示山东省济南市某宅[1]，在右侧三进和左侧五进的四合院住宅中，用纵长的走廊把左、右两侧的房屋联系为一体，颇不多见。另一个是图 102 所示山西省太原市晋祠镇某宅[2]，在曲尺形的地基内，将前、后两个院子的房屋排成不同的方向。就是前院的大门与倒座采取南北向，而后院的中轴线采取东西方向。这样，不仅充分利用地形，可建造更多的房屋，而且还必须经过西侧的过道，才能进入后院，以满足从前乡村中治安不好的要求。

（乙）两层以上的四合院住宅，在布局方面大都以一家一宅为原则，可是也有数家乃至一二十家合住于一宅之内。房屋高度通常为两层，但福建地区有高达四、五层的例子。总的来说，这类住宅以南方较多，北方较少。

小型的两层四合院住宅可以云南省昆明市乡间的“一颗印”为代表[3]（图 103）。这种住宅由于昆明的纬度较低与海拔较高，不但夏季正南方向的日照角度较大，而且在冬季室内亦不能接受更多的阳光。而乡间住宅往往四面临空，不为道路方向所拘束，因此多半采用东南向或西南向。此种情形据唐末的记载便已如此[4]，可见古代劳动人民根据生活实践早就注意住宅与日照的关系了。在平面上，这种住宅以略近方形的院子为中心，很紧凑地配置上下两层房屋。在结构方面，墙壁下部用乱石，上部用土墼或夯土墙。其次要房屋则覆以前长后短的两落水屋顶，都是较经济的方法。不过楼下左、右次间光线不足和楼梯过陡、楼梯通至楼上东、西屋的交通十分不便，以及牲畜杂处

---

1 华南工学院建筑系刘季良调查。

2 中国建筑研究室张步骞、戚德耀调查。

3 刘致平：《云南昆明一颗印住宅》，《中国营造学社汇刊》第七卷第 1 期。

4 唐樊绰：《蛮书》。

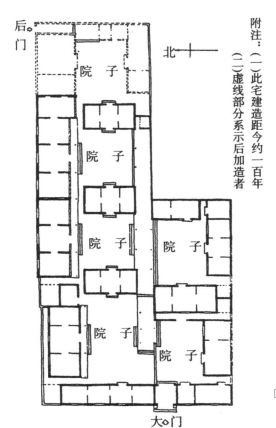

附注：（一）此宅建造距今约一百年
（二）虚线部分系示后加造者

图 101 山东省济南市住宅平面
(华南工学院刘季良调查)

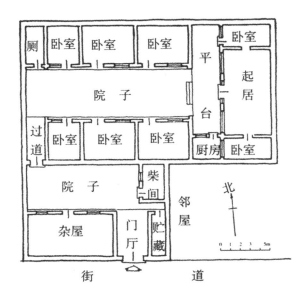

图 102 山西省太原市晋祠镇塔院村
住宅平面（中国建筑研究室调查）

99

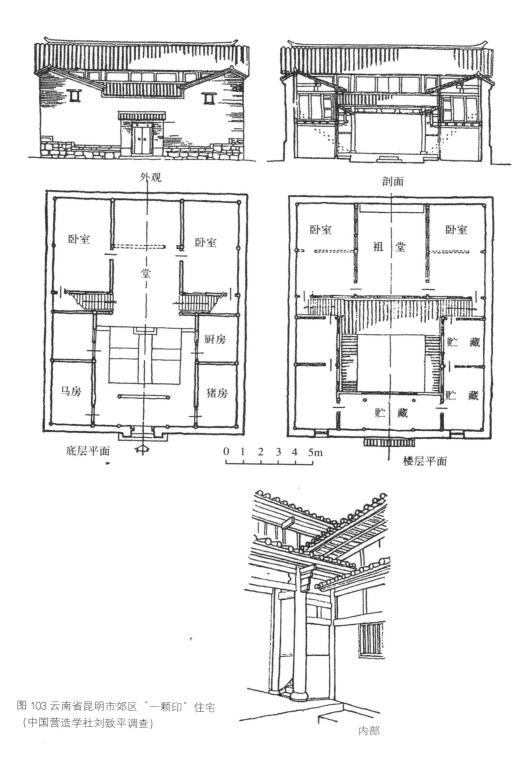

外观

剖面

卧室　卧室
堂
厨房
马房　猪房
底层平面

卧室　祖堂　卧室
贮藏　贮藏
贮藏
楼层平面

0 1 2 3 4 5m

图 103 云南省昆明市郊区〝一颗印〞住宅
（中国营造学社刘致平调查）

内部

院内，都是亟待改正的缺点。

在小型的两层四合院住宅中，安徽省徽州市一带还存留着一批历史价值和艺术价值相当高的明代住宅值得介绍[2]。这一带因地狭人稠，在明代早已使用二层或二层以上的住宅，为了冬季室内获得较多阳光，建筑多半采取西南方向，图104所示安徽省歙县柏林乡方宅即是一例。在平面上它仅由前、后二进楼房和一座东西较长的院子所构成。院子左、右只设进深很浅的东、西廊，而置楼梯于东廊内。在功能方面，这种办法比建造夏季受强烈的东西晒，同时又妨碍前、后两进次间光线的厢房似乎更为合用。不过它的详部做法，前进楼下明、次三间没有间壁，楼上亦仅用地板，未在板上铺砖，与当地其他明代住宅不同，可能经过一番改修，不是原来情状。在艺术处理方面，住宅的外部形体异常简单朴素，可是一入大门走到院子附近，人们印象就为之一变。原因是楼上在柱子外侧装有华美的木栏杆一周，栏杆的构图与纹饰，在东、南、西三面都比较简洁秀丽，但北面在鹅颈椅上另施以复杂细致的雕刻，使栏杆本身在统一中发生若干变化。更重要的是由于集中使用装饰，这一圈以水平线条为主和雕饰较繁密的栏杆，与上、下两层以垂直线条为主，而形体比较素净的木板壁及柳条式窗槅形成强烈对比，是这些住宅最主要也是最成功的特征之一。在同一原则下，楼上用朴素的木间壁与上部曲线较多和雕饰繁缛的驼峰、梁架等相配合，也收到类似的效果。而宅中梁架的形体比较硕大，只有适当地使用若干雕刻才能缓和其形体笨重的缺陷，以达到既雄壮又华丽的效果。据记载，自明中叶起，当地出外经商致富的人很多，一度操纵长江中、下游的金融竟达三四百年之久，因而在故乡建造了不少住宅[2]。但前述华丽的装修雕刻仅限于明中叶至明末时期，一入清代便逐渐减少，可见产生这种作风的原因，似乎不仅由于经济条件，而且和当地的文化和工艺——如新安画派及版画等的盛衰、人们对艺术的鉴赏爱好，以及匠师们的创作水平，都不无关系。

两层以上的四合院住宅应推广东、广西、福建等省的客家住宅规模最为宏大[3]。据传说，客家是三国、两晋以来的中原移民，为了本身安全采取聚族而居的方式，因而住宅的高度竟达四、五层，房间数目也自数十间至一二百间不等，形成如此庞大的

---

1 中国建筑研究室张仲一、曹见宾、傅高杰、杜修均合著的《徽州明代住宅》。

2 谢肇淛《五杂俎》，以及民国《重修歙县志》等。

3 中国建筑研究室张步骞、朱鸣泉、胡占烈合著的《福建永定客家住宅》（未刊本）。

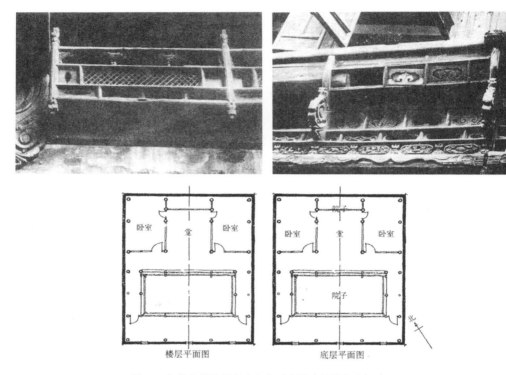

楼层平面图   底层平面图

图 104 安徽省歙县柘林乡方宅（中国建筑研究室调查）

群体住宅，无论在平面布局或造型艺术方面，都与其他地区的住宅有显著的差别。据现在我们知道的资料，客家住宅有长方形土楼、纵列式楼房、三堂两横式住宅及环形土楼四种形式。至于这些住宅的建造年代，因尚未详细调查，现在只知道在福建地区，除环形土楼较晚外，其余三种的年代，最早的建于清康熙末年和雍正年间，而以乾隆年间所建数量较多，甚至在最近一二年内还继续建造长方形土楼和环形土楼。不过在平面布局上，三堂两横与环形土楼不属于四合院范围之内，当于后节另行介绍。

使用长方形土楼的地区，在福建地区，主要在该省西南隅与广东邻接的永定县山区内，但龙岩县也有少数此类住宅。它的平面如插图 7 所示共计四种。第一种为最简单的口字形。第二、第三、第四种较复杂，即在口字形外楼内加建客堂和各种附属房屋。造型方面：第一种多为三层，或北侧的主楼高三层，其余三面高两层。第二、第三两种的主楼一般高四层，其余三面高三层。第四种都高四层。至于院内的客堂和附属房屋通常仅高一层，当地人称为"厝"。因另有专文详细报道[1]，本书仅对第二种土楼

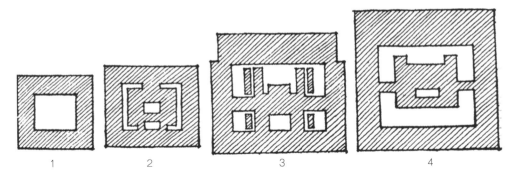

插图 7　福建省永定县长方形土楼平面

作极简单的介绍。

　　首先应当解释的，这类住宅因高度在三层至四层，周围墙壁如用砖墙，费用太大，只得就地取材，建造厚度一米以上的夯土墙，所以一般称为"土楼"。图 105 所示系第二种长方形土楼的平面，完全采取左、右对称的布局方式，而第一层平面比较复杂。大门位于中轴线上。入门后有五角形小院。此院两侧的走廊设有踏步，自此上达由三面廊屋环绕的狭长院子。再进有大厅一所，其后为供奉祖先牌位的祖堂。其中大厅为从前举行各种典礼和家属会议及接待宾客的地点，因此从大门到祖堂是全宅最重要的核心部分，依当时习惯必然置于中轴线上。但此区的周围，竟建有猪圈和养鸡的小屋多间，有碍卫生是其很大缺点。其次，外围楼房在内临院子处有阶台一周，以便交通。为了增加楼房的刚性，除各间应有的隔墙以外，又在左、右两侧建更厚的隔墙各一堵。这部分房屋的用途，位于大门两侧者储藏农具，其余三面作厨房。又在左、右两端各设楼梯二处，以达上层。第二层作储藏谷物之用，第三层住人，第四层仅限于外楼的后半部，也用于居住。从前因为治安关系，第一、二层不向外开窗，第三层仅在正面中央用木板壁处开稍大的窗子，其余部分都用小窗，整个外观给人坚固稳定的印象，很像一座堡垒。屋顶式样在正、背二面用歇山顶，而将中央部分略为提高；左、右两侧则用悬山顶。屋角虽然并不反翘，但是出檐颇深，再加后半部屋顶较高而前半部较低，并在转角处做成歇山形式，如宋画中常见的式样，因此屋顶参差错落，异常美观。

---

1 中国建筑研究室张步骞、朱鸣泉、胡占烈合著的《福建永定客家住宅》（未刊本）。

外观

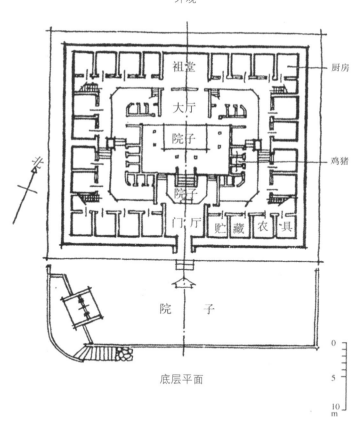

底层平面

图105 福建省永定县客家住宅（长方形土楼）（中国建筑研究室调查）

外观

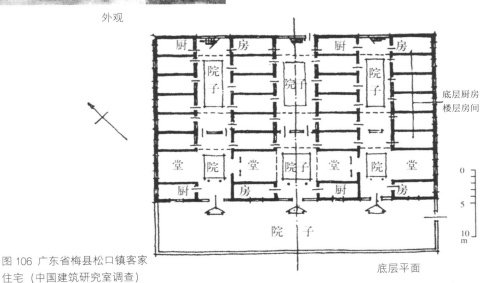

图 106 广东省梅县松口镇客家
住宅（中国建筑研究室调查）

底层厨房
楼层房间

底层平面

　　纵列式楼房是广东地区客家住宅较普通的形体。图106乃广东省梅县松口镇客家住
宅的平面[1]，整个轮廓虽为横长方形，但内部建四行纵深的两层楼房。随着楼房的方向，
在其间配列大、小庭院三行，而中央一行院落较宽，全宅以它为中轴，构成左、右对称
的平面。因此，在外观上有四堵山墙向外。山墙与山墙之间设大门三处。门内的院子位
于中央者用方形，两侧者用纵长形。这些院子的两侧各有厅堂供待客与聚会之用。经前
院进入后院，庭院平面更为狭长，两侧房间作厨房及杂屋，而在院子后端设楼梯一处，
通至楼上的卧室。在今天我们知道的客家住宅中，以此例的平面和外观较为简单。此外，
在福建省永安县也有此种住宅，可是只有纵列的房屋三行（俗称"三横式"），规模较简单。

―――――――――――

1 中国建筑研究室张步骞、朱鸣泉、胡占烈合著的《福建永定客家住宅》（未刊本）。

7. 三合院与四合院的混合体住宅

这种住宅在北方比较少，可是在南方诸省，从简单到复杂有各种不同类型。下面所举诸例只是其中一部分，但仍可分为单层与二层以上两种。

单层的三合院与四合院混合体住宅。

图 107 所示系风景区的别墅，位于浙江省杭州市烟霞洞的山坡上[1]。由于东、南、北三面是眺望较佳的风景面，使得该别墅的平面布局，不能采取在中轴线上重叠几个封闭式四合院的传统办法。它的大门位于东南角上。门内用两重相反的三合院构成"王"

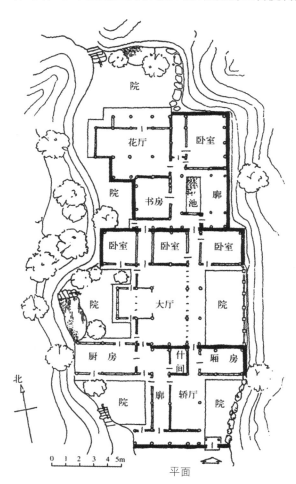

图 107 浙江省杭州市烟霞洞附近住宅平面（中国建筑研究室调查）

---

1 中国建筑研究室戚德耀、窦学智、方长源合著的《杭绍甬住宅调查报告》（未刊本）。

字形平面，以便欣赏南、北两面的景色，因此就在大厅北侧建突出的抱厦，并在大厅南侧的院子外缘建栏杆一列。不过东端居住部分的四合院过于密闭，只有东南角上的花厅可向外展望，颇有美中不足之感。但总的来说，它灵活地运用三合院、四合院两种平面，与使用目的及地形相配合，仍是比较成功的例子。

图108所示是浙江省杭州市金钗袋巷某宅的平面。在不对称的原则下，组合若干单座建筑与几座三合院、四合院，再系以走廊，是一个较特殊的例子。住宅大门设于东侧，但房屋皆采取南向。门内院子的南侧堆有假山。再南为客厅三间，两层，模仿园林建筑的传统方法，将楼梯设于外部。客厅南面凿水池，池中建方亭，以曲桥与两岸相通。自客厅往西，经过一段走廊，至主人的住所。其前院原栽植花木，东侧以花墙与客厅前部的池沼分隔。主人住所之后，另有面阔四间的房屋一区乃家属居住地点。再后为厨房、杂屋。其东以走廊通至大门北侧的小四合院，是已往子弟读书处。此宅把居住与园林两部分巧妙地接合于一处，颇费匠心，但可惜现在花木摧残仅存躯壳了。

图109所示是江苏省苏州市著名的大型住宅之一[1]。除居住部分外，还包括东西两座花园，可列为江南一带官僚地主住宅的典型例子（即苏州耦园）。此宅东、南、北三面有小河萦绕，大门设于南面。在平面上，中央部分由门厅、轿厅、大厅至最后主人的住宅共计四进。门厅与轿厅皆用横长方形平面。大厅采用纵长方形平面，内部相当宏敞。第四进主要住房则是用两个相反的三合院构成的H形平面。依苏州一般大型住宅的布局方式，此中轴部分的左、右两侧，往往机械地置南北纵长狭窄如幽巷的备弄各一条，再在备弄的左、右配置若干小院落。可是此宅不用备弄，而在中轴部分第四进的两侧，建小四合院各一处，再在其前配以曲尺形建筑与三合院等，颇能独出机杼，不落常套。总之，它的中轴部分虽采取对称式原则，但其他部分则尽量求变化，尤以东、西两座花园与住宅的联系，以及房屋与园林融合无间，是其重要的特点。东园为主人宴聚的地点，自小花厅起以或高或低的曲廊（图110），迤逦通至东北角的重层的建筑群，其前石山峥嵘，遮住楼屋的西部，构成幽曲而不拘束的境界。但南部树木业已凋零，房屋和回廊亦倒坍一部，致山南池沼开朗有余而停滀不足，已非原来情状。西园为主人读书处，前、后罗布山、石、树木，又自东侧小轩建斜廊西南驶，通至前部书塾。而书斋后部隔着山石建曲尺形书楼（图111），较东园更为曲折幽邃。

---

1 中国建筑研究室张步骞、朱鸣泉调查。

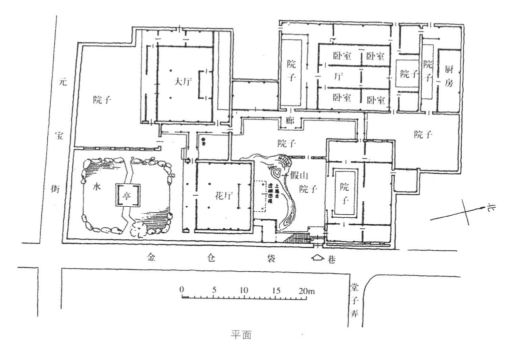

平面

图 108 浙江省杭州市金钗袋巷住宅平面（中国建筑研究室调查）

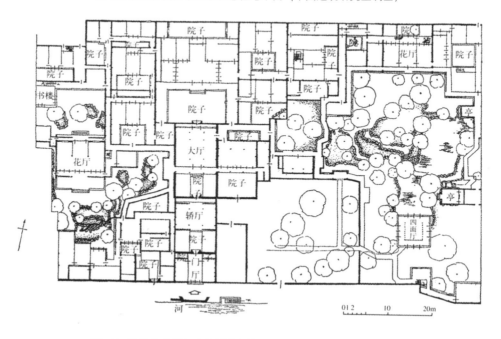

图 109 江苏省苏州市小新桥巷刘宅平面（中国建筑研究室调查）

图 110 江苏省苏州市小新桥巷刘宅之东花园（中国建筑研究室调查）

图 111 江苏省苏州市小新桥巷刘宅之西花园（中国建筑研究室调查）

图 112、图 113 所示四川南溪县地主住宅，建于清代中叶[1]。此宅依山建造，因地形关系进深较浅而面阔较大。大门东向，沿着石台建第一进下厅房九间。次为进深很浅的院子。再进为正房五间，加两端转角房共计七间，而祖堂位于中央明间。以上部分依中轴线向左、右布置，完全均衡对称，但其余厨房、仓房、碾房等附属建筑则随宜处理，手法颇为自由。房屋结构，在青赭色的石台上建立木架，外壁用竹笆墙，墁石灰，柱、枋、门、窗皆木料本色，上部覆以灰色小瓦的悬山式屋顶，色调颇为温和轻快。内部施具有边框的木间壁，涂暗红色油饰，配以各种玲珑的几何形窗格，给人以朴实而不过分厚重的印象。

最后介绍的是福建省永定县客家的"二堂一横"到"三堂六横加围房"的各种住

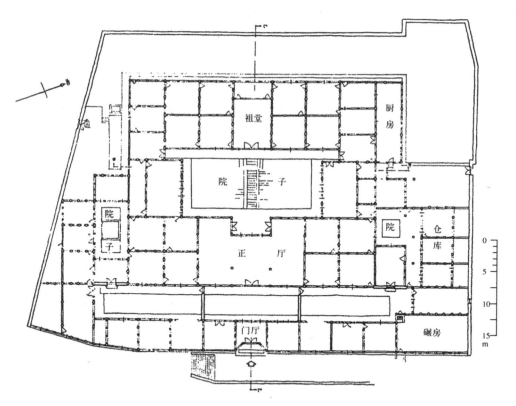

图 112 四川省南溪县板栗坳张宅平面（中国营造学社刘致平调查）

---

1 中国营造学社刘致平调查。

外观

剖面　甲—甲

剖面　乙—乙

图 113　四川省南溪县板栗坳张宅（中国营造学社刘致平调查）

宅¹（插图8）。客家采取聚族而居的方式，一宅之内往往容纳数家至一二十家，而它的布局以三堂二横为基本单位，因此我们暂称为"三堂二横式"群体住宅。不过从发展方面来说，最简单的形体应是单层的"三堂式"，仅在中轴线上排列三座厅堂和左、右厢房（当地称为"横屋"）。可是"二堂一横"则不但后部的堂改为两层楼房，而且旁边横房的后部也用两层。等到发展到"三堂二横"，中轴线上的下堂、中堂虽仍为1层，但后部的上堂（又称"主楼"）则高三、四层不等。两侧横屋为了与中央部分相配合，也由一层递增至二、三层不等。较此稍大的住宅，在"三堂二横"的前部再加一个院子，称为"三堂二横加倒座"；或在后部加弧形房屋，称为"三堂二横加围房"。规模更大的则有"三堂四横"与"三堂四横加围房"及"三堂六横加围房"三种。但除"二堂一横"外，都采取左、右对称的布局方法和前低、后高的外观，是此类群体住宅的主要特征。兹为节省篇幅起见，仅以"三堂二横"为例，说明它的大概情况。

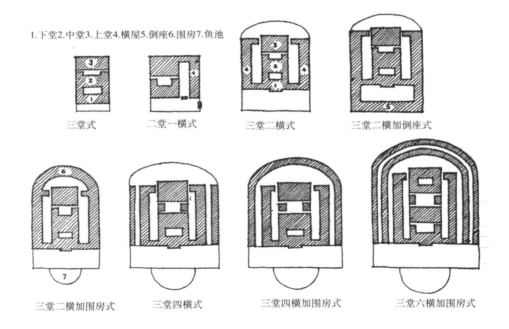

插图8 福建省永定县三堂二横式住宅平面

---

1 中国建筑研究室张步骞、朱鸣泉、胡占烈合著的《福建永定客家住宅》（未刊本）。

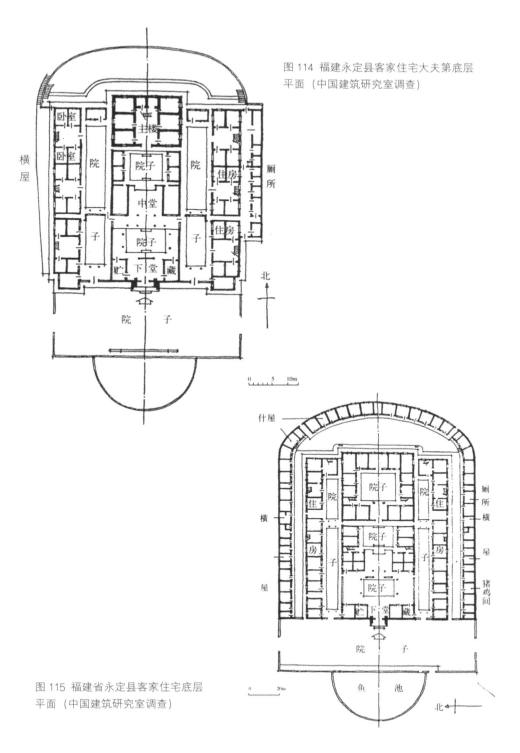

图 114 福建永定县客家住宅大夫第底层
平面（中国建筑研究室调查）

图 115 福建省永定县客家住宅底层
平面（中国建筑研究室调查）

图 116-1 福建省永定县客家住宅大夫第正面图（中国建筑研究室调查）

图 116-2 福建省永定县客家住宅大夫第侧面图（中国建筑研究室调查）

　　此类住宅大都利用前低、后高的地势，或径建于山坡下，图 114、图 116、图 117
所示福建省永定县平在乡的大夫第即是一例。此宅在中轴线的最外端掘半圆形鱼池。
次为晒谷用的横长方形禾坪。经大门进至下堂，堂后有长方形院子及左、右走廊。次
为中堂三间供全宅聚会之用。堂后复有院子与左、右厢房。其后主楼高 4 层，是家长
居住的地点，必要时为妇孺避难或储藏贵重物品等用。在下堂左、右又有旁门各一，
内有狭长的院子，位于下堂、中堂和主楼的左右，当地称为"横坪"。其两侧又有纵
长的横屋各一列，前端高一层，中部高二层，后端高三层，为宅中辈分较低的居住地点。
又在东侧横屋后面建厕所一列。后部围墙做成弧形，与前部鱼池相呼应。整个布局因
为以三堂为主、两横为辅，所以简称为"三堂二横"。有人怀疑这种住宅是中原较古
的制式，但据我们知道的资料，与前述浙江省绍兴市一带的住宅、庙宇颇相似，而中

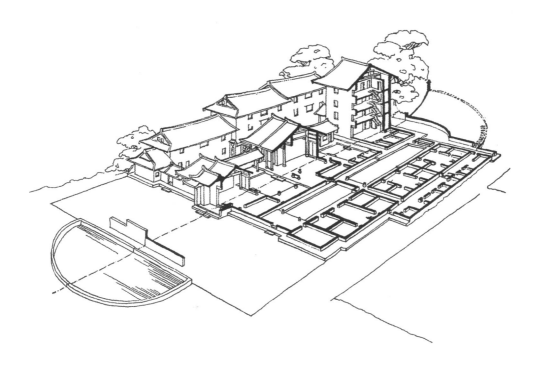

图 117 福建省永定县客家住宅大夫第剖视（中国建筑研究室调查）

原诸省尚未发现此种平面，因此它的来源目前尚难遽下结论。至于它的外观，正面虽采取对称方式，但无论"三堂"或"二横"制式，都是愈往后愈高，因而它的侧面成为高低错落的不对称形状（图 116、图 117）。这是过去匠师们处理宫殿、庙宇和住宅造型的基本原则，不但可以补救正面过于端正的毛病，同时还可衬托后部主要建筑更显得庄严伟大，作为封建社会上层阶级的精神统治工具来说是十分成功的。当地客家住宅的外观能使人感觉雄伟妙丽的原因也就在这些地方。此外，屋顶用歇山顶与悬山顶巧妙配合，以及用夯土墙建造四、五层高的楼房，都是这类住宅的重要特点，因另有专文介绍[1]，不再赘述。

---

1 中国建筑研究室张步骞、朱鸣泉、胡占烈合著的《福建永定客家住宅》。

8. 环形住宅

这种环形住宅俗称为"圆形土楼"，也是福建省永定县客家住宅的一种[1]，但除福建省外又见于广东省潮州市等处。它的规模虽大、小不等，但平面布置不外三种方式。第一种为小型住宅，在环形外楼的内院仅建鸡舍、猪圈等杂屋（插图9的1、2、3）。第二种为中型住宅，以内、外二环相套，或在内环之内再建四合院一处（插图9的4、5、6），而将一部分杂屋移至楼外。第三种为三环相套的大型住宅，中央再建一圆形的厅堂（插图9的7）。其中二环相套的平面布局（插图9的6），在原则上和前述长方形土楼几乎没有区别（图105），所不同的只是将外部的长方形土楼改为圆形而已。至于它的产生原因，除了防御目的，可能与这种形体能够减少日光灼射和台风威力不无关系。它的产生时期尚不明了，仅知道现存实物比长方形土楼及"三堂二横"稍后。

图118所示是小型环形住宅的一例[2]。它的直径达20米余、高3层。内部依外墙建房屋一圈。它的平面布置将环形四等分，就是在东、西方向的中轴线上，将大

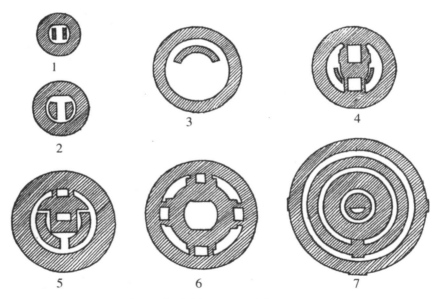

插图9 福建省永定县环形住宅平面

---

1 中国建筑研究室张步骞、朱鸣泉、胡占烈合著的《福建永定客家住宅》。
2 中国建筑研究室张步骞、朱鸣泉、胡占烈合著的《福建永定客家住宅》。

门置于正西，祖堂位于正东。而南北各设楼梯一处，在楼梯旁再加隔墙一堵以增加楼房的刚度。在大门、祖堂和两座楼梯四者之间，各有房屋三间作牛栏和厨房之用，再在中央圆形院子里建猪圈、厕所两排。第二层作储藏谷物之用，第三层作住房，与前述长方形土楼相同。由于第一、第二两层均不开窗，它的外观看起来很稳定。其外壁粉刷在黄土内加石灰少许，呈现淡黄色，与上部灰色瓦顶及附近树木、河流相掩映，给人以温和、愉快与美丽如画的印象。

　　中型的环形住宅如图119、图120 所示，用两个环形相套[1]。外环直径 52 米余，高四层，但因采光的关系，内环仅高二层。在平面上也用纵、横相交的二轴线，将环形四等分，而以大门至祖堂的轴线为主，东西旁门间的轴线为辅。大门与东西旁门内各有一座四合院，但大门内者稍大。自此进至内环，建有东、西、南三

外观图

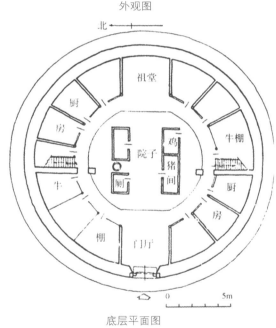

底层平面图

图 118　福建省永定县客家环形住宅（其一）
（中国建筑研究室调查）

座大厅，余屋作客房与书房之用，并设楼梯二处通至第二层。该层的内侧以走廊环绕圆形院子。院北建有一更大的厅堂供举行典礼及会客之用。厅后又有置四合院，由两

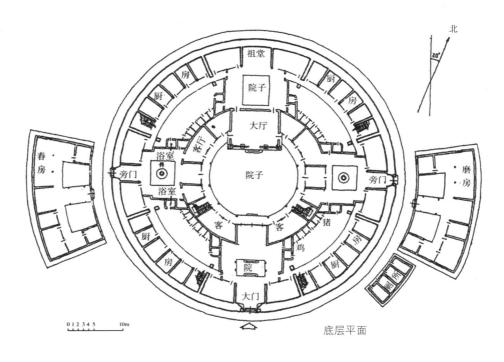

图 119 福建省永定县客家环形住宅（其二）（中国建筑研究室调查）

侧的走廊可达全宅最主要的祖堂。外环建筑的第一层除设楼梯四处外，其余房屋均作厨房及工人住房。为了增加房屋的刚度，又另加较厚的隔墙八堵。其上的第二层建筑作为谷仓，第三、四层则用供族人居住。内圈的第二层也用作住房。但其第一层在前述客房、书房的外侧，另建浴室十六间，以及畜养家畜的小型房屋一周。此外，为了生活需要，又在东、西旁门外建有磨房、舂房与厕所各一栋。总之，这种住宅不但在造型方面别开生面，证明汉族住宅的多样性发展和古代匠师们的创作才能，同时它的平面布局与结构方法，也是旧时封建社会的家庭制度、客家的特殊社会地位、农村中的自然经济水平，以及当地自然条件等相结合的综合表现。因此无论从建筑方面或社会发展方面来看，都是中华民族异常宝贵的传统文化遗产。

图 120-1 福建省永定县客家环形住宅外观图（中国建筑研究室调查）

图 120-2 福建省永定县客家环形住宅内部图（中国建筑研究室调查）

9. 窑洞式穴居

这里讨论的窑洞式穴居，不是前述新石器时代自地面直下的竖穴，而是与黄土峭壁面成90°向内伸入，同时与地面平行的穴居。它的分布主要在河南、山西、陕西、甘肃等省雨量少、树木缺乏和黄土层相当深厚的地区。使用者的人数现在虽尚无正确统计，但毫无疑问是汉族住宅中的一个特殊系统并且占据相当重要地位。因而它的优点应当予以发扬，缺点则急需设法改善。至于它的平面布局，根据现有资料[1]，可分为三种。第一种是从前经济基础较差的农民所建规模较小的单独窑洞，第二种为规模较大的天井院窑洞，第三种系普通房屋与窑洞的混合体。后二者都是从前地主阶级的住宅。

第一种窑洞多半是在被气候长期侵蚀的黄土沟谷或峭壁下，所开凿的纵深穴居（图121）。其入口上端以砖砌成半圆券，下部装门，上部设窗，门上再用菱角牙子挑出数层，做成雨搭形状。窑洞本身作狭长平面，面阔与进深的比例变化于1:2乃至1:4之间，但特殊的例子也有达1:8或1:9的。简单的只一穴，也有开凿二、三个平行的穴，以券洞相连的。前者仅靠穴门上部采光，后者可于穴的外侧装窗。灶与床往往凹入壁内，其位置可随需要决定。窑洞的断面，有半圆形、弧形及抛物线数种，高2.5米至3米。一般在开凿后须经过若干时日，如顶部没有崩裂现象，再用木拍打平打光，或墁以石灰。至于在穴顶下又加砌砖筒券，则不是一般农民所能办到的。窑洞上部黄土层的厚度在3米左右者居多，有些例子超过四米。若土层过薄则雨雪易下浸，不适于居住，且易发生崩塌危险。这种窑洞虽因黄土的隔热性能良好，室内夏季不太热、冬季不太冷。但又因平面过于狭长，且仅一面开门窗，致室内光线与通风都感不足，是乃亟待解决的问题。

第二种窑洞多半在深厚的土岗上开掘方形或长方形的天井院，以踏步降至院内，但也有用隧道通至院内的。沿院的四面开凿若干纵长的窑洞（图122），除居住外又可作旅馆及其他用途。此外，河南、山西地区还有沿着黄土峭壁向内掘成 ⌐ 形的院子，在院子三面开凿窑洞，其前建围墙、大门或建造房屋，宛然形成三合院或四合院的组合。

---

1 中国建筑研究室张步骞调查。

　　第三种窑洞在黄土峭壁的前面建造房屋，而后部向黄土层内开凿若干窑洞，其种类相当多。如图123、图124所示，前部房屋比较简单，可是窑洞本身却分上、下两层。第一层外壁石造，上部加砖造的水平线脚与菱角牙子。入口的门罩和壁上的佛龛也都用砖砌砌（插图10）。此层平列三洞：其中央和西侧二洞内部砌以砖券，东侧者仅在掘好后打光，但分为三节，深度很大，其后部作储藏粮食之用。在西洞外侧西南角上，以砖砌的阶级转折通至平台上，平台与栏杆皆砖砌造。再在台后向黄土峭壁开掘二洞，而峭壁表面则护以砖墙，以防泥土崩溃。此上、下两层窑洞之间留有相当厚的黄土层，可是另外一些例子，则掘成较高的洞，内部以木梁及地板分为上、下两层，并设木梯供升降之用。

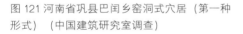
外观图

图121 河南省巩县巴闰乡窑洞式穴居（第一种
　　形式）（中国建筑研究室调查）

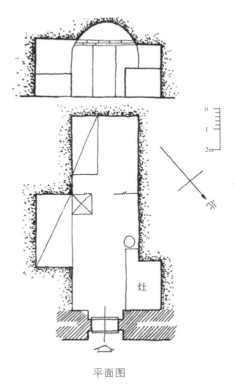
平面图

外观图

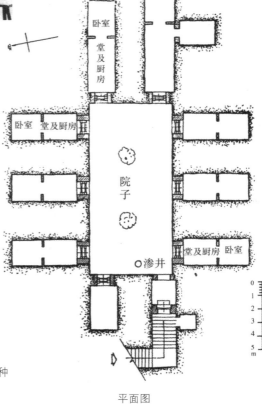

图 122 河南省巩县孝义镇窑洞式穴居（第二种
形式）（中国建筑研究室调查）

平面图

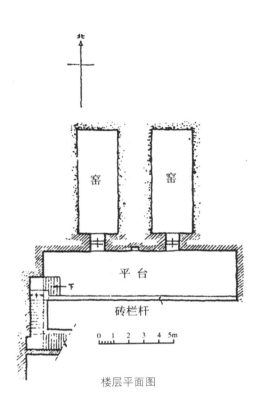

楼层平面图

图 123 河南省巩县巴闰乡窑洞式穴居（第三种形式）（中国建筑研究室调查）

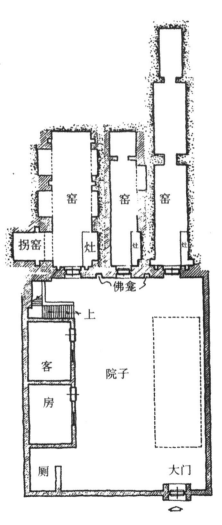

底层平面图

123

图 124 河南省巩县巴闰乡窑洞式穴居的
外观（中国建筑研究室调查）

插图 10 河南省巩县窑
洞式穴居详部

结　语

　　上面介绍的九类住宅是从我们已知的有限资料中，提出若干不同类型的例子，这些极简单的报道，绝对不是我国居住建筑的全部面貌。由于目前对它的发展经过与相互间的关系，有许多问题尚不明了，因而正确的分类暂时还无法着手。即便如此，这些资料本身仍然有它的现实意义，使我们能够初步认识下列几件事情。

　　第一，汉族住宅的类型虽然不止一种，但是农村贫雇农和城市小手工业者多半采用纵长方形、曲尺形和面阔一、二间的横长方形小住宅，以及较小的窑洞式穴居。这些住宅的平面布局与结构、外观虽比较简陋，但手法较自由。可是富农、地主、商人及官僚、贵族等则使用面阔三间及以上的横长方形住宅与三合院、四合院及三合院和四合院的混合体住宅。这是因为他们的政治地位愈高，经济条件愈好，住宅的规模也就愈大。同时住宅的布局方法除了少数例外，几乎为均衡对称的原则所支配。这两种不同的倾向，明白地告诉我们，阶级社会的政治、经济和文化对居住建筑的影响何等严重与深刻。不抓住这点，我们就往往只知道汉族住宅尤其是四合院住宅的许多特点，而不知道这些特点是如何形成与发展的。

　　第二，除了社会条件以外，自新石器时代的穴居与半穴居的出现，到后来木架建筑的充分发展，以及明以来窑洞式穴居、地面上的拱券式住宅和福建、广东、广西等地客家的高层夯土墙住宅的产生，都与各地区的建筑材料具有密切关系。而华北与东北等处由于气候干燥及雨量较少，才得以使用各种坡度平缓的麦秸泥屋顶，并在屋顶上采用硷土或黄土内掺拌硷水和盐水的防水方法。所有这些不仅说明我国过去匠师们善于利用自然条件的才能，就是在今天社会主义建设中，我们仍须采用就地取材和因材致用的节约方针。因此，对这些具有一定实用价值的传统方法，应该运用进步的科学技术，予以提高和发展。

第三，在造型艺术方面，汉族住宅往往在正面采取对称式而侧面采取不对称式的外观。然而对正面的轮廓与门、窗、墙面、屋顶等详部，又有两种不同的处理方式。第一种为了主题突出，将装饰集中于中轴部分，或将这部分造得比较高大。如图85及图125、图126所示，无论用方整的简单形体，或以高低起伏的屋顶构成复杂的轮廓，或改变上、下两部分的墙面材料与色彩，或使用华丽的门楼与较多较大的门、窗、墀头等，都体现了集中表现的原则。第二种方式恰恰与之相反，就是小型住宅中如图127所示三合院及图128所示的四合院，都是院子较小的两层住宅，为了采取光线，不得不降低中央部分的房屋和墙壁的高度，因此它的正面外观成为两侧高而中央低的形状。除此以外，在南方农村和某些小城市中，还有若干正面与侧面都采取不对称形体的例子，如图129所示曲尺形住宅，图130与图131所示的两层三合院，以及图132所示的四合院的一角，都使用了当地廉价的材料，建造高低错落的围墙、门楼、屋顶和其他附属房屋，或下层用土墼墙与夯土墙，上层用木结构，使形体和色调都发生变化，而这些手法并未减低住宅的实用意义，这些都充分证明，汉族住宅还保藏着许多特点等待我们去调查研究。其他如内部院落的组合、装修、彩画、雕刻的使用，以及住宅与园林的联系方式等等，都有不少优秀作品，因限于篇幅，不能在此一一缕举。总的来说，我们对这份历史文化遗产固然不可盲目抄袭，重蹈复古主义的覆辙，但也应认真对待传统文化中的一切优点，在今天的需要与各种客观条件下正确地吸收，使其能在今后社会主义建设中发挥应有的作用。

第四，我们的住宅虽有很多优点，但无可讳言仍有不少缺点，其中尤以占全国人口百分之八十以上的农村住宅的卫生状况最为严重。如前述黄土地区的窑洞式穴居，四川广汉、云南昆明、福建永定等处的住宅，不仅光线与通风不足，甚至猪圈、马厩、厕所等亦未与居住部分充分隔离。在短期内我们不可能在农村中建造大批新式住宅，只有在现有基础上用最经济、最简便的方法予以改善，才符合目前广大农村中日益增长的物质生活和精神生活的实际要求。

目前我们对我国各地居住建筑的情况知之太少。无论为发展过去的各种优点或改正现有的缺点，都须先摸清楚自己的家底。也就是说，不从全国性的普查下手，一切工作将毫无根据。这不仅是一种希望，也可以说是一种呼吁。

在编写过程中，承中国科学院考古研究所夏鼐先生，南京博物院曾昭燏、尹焕章先生，华南工学院龙庆忠、刘季良、赵振武先生，同济大学陈从周先生，前中南建筑设计公司王秉忱先生，长春建筑工程学校黄金凯先生，中国科学院土建研究所吴贻康先生，中南土建学院强益寿先生等赐予各种资料，而曾、尹两先生并提供不少宝贵意见，纠正本书的缺点。书中图版的绘制和编排以及文字誊写、校对，受到中国建筑研究室窦学智、戚德耀、曹见宾、张步骞、朱鸣泉、张仲一、杨克敏、孙正敏、朱家宝、陈根绥和南京工学院建筑系潘谷西、齐康诸先生的协助，并记于此，以申谢悃。

图 125 福建省永定县住宅（聚奎楼）外观（中国建筑研究室调查）

图 126 福建省永定县住宅（大夫第）侧面（中国建筑研究室调查）

图 127 江苏省扬州市住宅外观（中国建筑研究室调查）

图 128　云南省昆明市郊区 "一颗印" 住宅外观（中国营造学社刘致平调查）

图 129　云南省姚安县住宅外观（中国营造学社莫宗江、陈明达与著者调查）

图 130 云南省丽江县住宅外观（中国营造学社莫宗江、陈明达与著者调查）

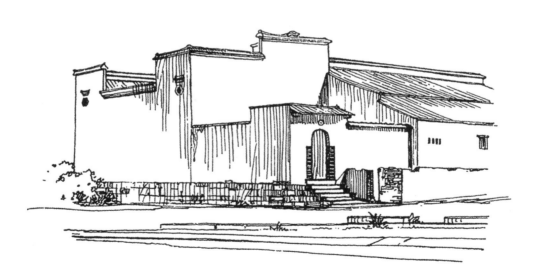

图 131 安徽省歙县唐模乡住宅（中国建筑研究室调查）

图 132 云南省丽江县住宅（中国营造学社莫宗江、陈明达与著者调查）

图版目录

附　记

民居乃建筑之本，传统为民族之魂
——纪念《中国住宅概说》出版六十年

　　由父亲撰写的《中国住宅概说》，自 1957 年 5 月面世，至今已超越了六十年。六十年在我国旧日称为一个"甲子"，也是人们时常引为庆贺和纪念的时段。从表面上看，这书的篇幅不多，内容也稍简略，似乎并不特别突出。但它很快就在国内建筑界引起了空前关注，随后又在华夏大地上，掀起了一个针对传统民居的全面调研高潮，这大大出乎人们的意料。其产生的效应和影响，在当时甚至今日，都是极为罕见的。为什么会出现如此的现象？要回答这个问题，恐怕还得让大家再次回到昔日那一段艰苦而又辉煌的岁月。

　　1949 年 10 月 1 日新中国成立后，为了尽快摆脱旧社会留下来的"一穷二白"，全国掀起了轰轰烈烈的建设高潮，建筑业自然是其中极其重要的领域之一。当时严重匮乏的除了经费、物资和技术，更为突出的是合格的人才。为了体现今后建筑应具有社会主义内容和民族传统风格，要求设计人员做出更为艰巨的探索和实践。由于民居是人类一切建筑发展的根本源泉，所以针对该领域开展工作，就成为解决问题的不二途径。这时，国内还没有长期从事传统民居的研究者，因此相关的资料极少，而且大多来自个别学人的"偶发"成果，这一现象在全世界都颇为相似。为了尽快解决这个问题，首先提出有力决策的，是上海华东建筑设计公司的负责人金瓯卜。他亲自来到南京，与南京工学院（现东南大学）建筑系的三位著名教授：杨廷宝、童寯和刘敦桢共商此事，并得到大家的一致赞同。之后又通过领导的批准，于是在1953年4月，正式成立了由双方合办的中国建筑研究室。由上海华东建筑设计公司提供运作经费及工作人员，在南京工学院内设置科研基地培训人员并开展科研工作。研究室主任由刘敦桢教授担任。就当时而言，这仅是我国南方两个地方单位之间的普通协定，谁也没有预料到它的后续效应与成绩如此巨大。而作为"始作俑者"的金瓯卜，他的慧眼、及时与不为世人所知晓的无声贡献，乃是我们应当永远感激和称道的。

由上海调来的人员大多很年轻，虽有若干建筑设计经验，但作为未来的科研人员，还需要补一些课。因此南京工学院建筑系为他们开设了中国建筑史、素描等课程，而前者正是父亲多年以来为系中学子所讲授的。为了加强对学习的实际体验，他还亲自率领他们到河南、山西等地，参观众多有代表性的古建筑。在尔后正式开展对民居建筑的测绘时，除了预先讲解测绘要点，在实际工作中，还有建筑系的青年教师作现场指导。又采用"先易后难""先近后远"的方式，使他们得以逐步积累经验和提高信心。就这样，新中国第一批经过正规培养的古建科研人员诞生并成长起来，不但在传统民居的调查工作中发挥了重要作用，而且还在以后的苏州古典园林和其他多类型古建的各项调研中，都做出了巨大贡献。

通过研究室全体人员的努力，以及若干外地、外单位人士和系友，以及建筑系多方位的大力支援协作，现场调查和资料收集都进行得十分顺利。于是父亲在1956年春，写出了有关我国传统民居当前概况的初稿。其后又予以补充修订，并在当年秋季交付出版社。诚若书中的"前言"所述，由于时间仓促，内容未能再进一步予以充实提升，因此尚存在许多不足。例如所列之江苏省扬州市、云南省丽江县等地民居，就未附以必要的建筑平面图和剖面图。而且，对各地民居的建筑用材与具体构造，以及装饰题制与色彩表现等内容，也都缺乏介绍。此书出版后，出于形势变化，对国内民居的调查虽已非室内研究重点，但该项工作仍在继续进行，并取得相当大的成果。例如浙江省东阳县的大型住宅（卢宅），闽东民居及浙江省内之畲族民居，河北省宛平县城的民居，湘、桂、粤、赣等省及自治区民间住宅，海南岛（省）琼中县黎族、苗族民居，云南省少数民族民居等，都已增添了大量资料可供补充引用。遗憾的是，自1957年5月初版后，父亲在其有生之年（至1968年）都未来得及对《中国住宅概说》内容进行增补，亦未将其重版。推其原因，首先是由于全国各地已掀起了对传统民居的全面深入调研，各省、市、自治区都积累了大量资料，有些且已出版。因此研究室就逐步将工作重点转向了苏州古典园林及其他古建筑。其次，为了完成国内和对外的其他新任务（如迎接国庆十周年和与苏联的文化协作），父亲受命参加中国建筑史的编写，后来又成为该项目的主要负责人，工作至为艰巨复杂。1958年春，整修明代中山王徐达府内著名的瞻园被提上了日程，南京市政府特命父亲主持该项工作。从上述这些情况可以得知，父亲的精力和时间已经极度超支，如果再要求他对上述民居资料进行补充整理，则是一种不现实的期望。为了弥补此项工作的遗憾，我们就在该书这次再版时，对内容作了些许调整。

父亲过去对中国传统建筑的调研，重点对象是官式建筑（宫殿、坛庙、陵寝、苑囿、官衙、府第、寺观、塔幢……）。首先是因为它们代表了我国不同历史时期建筑的最高水平。其次是出于抢救重要历史建筑文物的需要（特别是抗日战争前夕，对华北地区众多著名古建筑的实物调查和资料整理）。虽然他对传统民居也很有兴趣，但那时已容不得他"喧宾夺主"了。当查阅他历年的著作时，得悉他在1932年发表的《大壮室笔记》中，就已提及周、汉两代的居住建筑。而在30年代至40年代的多次田野调查报告中，也曾记录过中原地区的窑洞，以及地面民居的防碱措施。后来又对西南地区的川、滇、贵诸省民居的特征（用材、构造、外观……）有所陈述。及至20世纪50年代，则着重对皖南民居的介绍……1937年7月卢沟桥事变后，父亲携家自北平南下。是年秋趁全家回归探亲之际，对家乡的传统建筑进行了若干调查。除日后已发表的有关明代廊桥和祖居住宅等资料外，还摄有若干乡间农舍照片。而这些都是他当年工作计划与范畴之外的"副产品"。凡此种种，亦显示了他对我国传统民居的一贯关切。

保护、宣扬和发展具有五千年历史的文明，是我们炎黄子孙义不容辞的神圣和永恒的职责。在传统建筑方面，民居以其量大面广而居建筑之首。然而就是因为它的平凡简易，通常不为大家重视。应当说，这是我们所不应当犯下的严重错误。难道我们完全了解它们的历史文化价值吗？回答应当是否定的。自新中国成立以来，虽然我们在传统民居研究和保护方面做了大量的工作，但还是远远不够。对于这一无比庞大而又极为丰富的文化宝库，我们究竟发掘了多少，知悉了多少？在广袤的国土上，生活着五十六个民族的十四亿人民，受到不同气候、地质、水文等环境以及文化、习俗背景的影响，这些我们都详细了解了吗？对于历代出现有着千差万别的多种居住建筑制式，有关它们的形成、发展和演绎，我们又知道多少？这些极为复杂的难题，需要我们加倍努力去研究、探索和破译。今后，面对这一文化瑰宝，我们不能像某些人那样漠不关心，有目无睹，更不能容忍少数人疯狂破坏或肆意盗窃的不法罪行。我们不可能要求每个人都具有高湛的文物科研水平，但我们每个人都应当尽到时刻关心和勿忘保护的神圣职责。在这方面，我衷心希望十四亿中国人民的心中，都能树立一块毕身永志的不朽丰碑。

最后，我要深深感谢那些为探索中国传统民居做出巨大贡献的先驱者和后继者，没有这些人长期艰辛的努力，就没有这一传统文化得以继承与保护的美好今天。同样，也要深深感谢那些通过各种媒体和其他方式积极宣扬我国传统民居的人。这次华中科技大学出版社对本书的再版，就充分表达了对优秀中华文化的高度重视和深切热爱。

刘叙杰　谨识

2018 年 5 月 30 日于南京东南大学